Richarz

Fledermäuse ganz nah

Klaus Richarz

Fledermäuse ganz nah

51 europäische Arten schnell und sicher unterscheiden

Quelle & Meyer Verlag Wiebelsheim

Abbildungsnachweis: Die Zeichnungen stammen von Stefanie Lankhorst, Stefanie Rick und Katarina Schmidt-Loske, sofern nicht anders angegeben. Wir bedanken uns bei EUROBATS für die kostenlose Bereitstellung der Verbreitungskarten. Quelle: Battersby, J. (comp.): Guidelines for Surveillance and Monitoring of European Bats, EUROBATS Publication Series No. 5, based on the IUCN Global Mammal Assessment.

Bibliografische Information der Deutschen Nationalbibliothek
Die Deutsche Nationalbibliothek verzeichnet diese Publikation in der Deutschen Nationalbibliografie; detaillierte bibliografische Daten sind im Internet über http://dnb.d-nb.de abrufbar.

Umschlagabbildungen: Eckhard Grimmberger (vorne), Christoph Robiller (hinten, oben), Torsten Pröhl (hinten, unten)
Druck und Verarbeitung: Plump Druck & Medien GmbH
Printed in Germany/Imprimé en Allemagne
ISBN 978-3-494-01861-4

Inhalt

Einleitung

Die Welt der Fledermäuse

Fledermäuse existieren seit über 50 Millionen Jahren und weisen eine für Säugetiere hohe Artenvielfalt von aktuell rund 1.400 Arten auf. Der Schlüssel für diesen dauerhaften Erfolg liegt in den Fähigkeiten zum aktiven Flug und zur Orientierung im Dunkeln. Dadurch wurden den Fledermäusen Vorteile verschafft, sowohl gegenüber ihrer Säugetierverwandtschaft wie auch gegenüber den überwiegend tagaktiven Vögeln als potenzielle Konkurrenten im Luftraum.

Aktives Fliegen und die Orientierung im Dunkeln mittels Echoortung beherrschen Fledermäuse seit mindestens 48 Millionen Jahren. Die sehr gut erhaltenen Fossilien aller sieben in der Ölschiefergrube Messel bei Darmstadt/Hessen gefundenen Fledermausarten mit der Konstruktion ihrer knöchernen Gehörorgane und den noch gut erhaltenen Mageninhalten mit Resten von Nachtfaltern belegen dies, wobei diese Eigenschaften sich wahrscheinlich notwendigerweise so entwickeln mussten. Wie neueste Forschungsergebnisse zeigen, sind es wohl die körperlichen Voraussetzungen, die Fledermäuse von Anfang an in die „ökologische Nische Nacht“ zwangen. Im Gegensatz zu den Vögeln fehlte ihnen das isolierende Gefieder, das sie vor Sonnenwärme hätte schützen können. Ihre nackte, dunkle, von Blutgefäßen durchzogene Flughaut wirkt nämlich wie ein großer Wärmekollektor. Die

Die meisten Arten der Kleinfledermäuse senden ihre Ortungsrufe, die der Orientierung wie der Beutedetektion dienen, bei geöffnetem Mund aus; hier: Breitflügelfledermaus *Eptesicus serotinus* im Jagdflug. *Foto: A. Limbrunner*

so eingefangene Sonnenenergie können Fledermäuse nicht in ausreichendem Maß ableiten. Beim Tagesflug würden sie deshalb überhitzen.

Während sich alle Kleinfledermäuse mit Ortungsrufen im Ultraschallbereich orientieren, verfügen die 200 Arten aus der Flughund-Familie über leistungsstarke Nachtaugen, die sie in der Dunkelheit leiten und in Kombination mit einem ausgezeichneten Geruchssinn zur Nahrung führen. Lediglich die Höhlenflughunde (so auch der später vorgestellte Nilflughund) setzen in ihren stockdunklen Tagesquartieren mit der Zunge erzeugte Klicklaute ein, deren Echos ihnen den Abstand zu den Höhlenwänden und zum Ausgang zeigen. Doch auch die Kleinfledermäuse setzen neben der Echoortung auch ihr Sehvermögen ein. So wird vermutet, dass die „Schwarz-Weiß-Seher" ihren Gesichtssinn zur Fernorientierung bei ihren Wanderungen einsetzen. Zusätzlich können sie sich dabei auch auf ihren Magnetsinn verlassen, der ihnen die Orientierung am Magnetfeld der Erde ermöglicht.

Fledermäuse – neu geordnet

Noch vor den Messelfledermäusen lebten im frühen Eozän vor etwa 52,5 Millionen Jahren im heutigen Wyoming/USA Fledermäuse, die in ihrem Körperbau schon sehr nahe den heutigen Fledermäusen kamen. Ein als *Onychonycteris finneyi* beschriebenes Fossil weist mit Krallen an allen fünf Fingern, relativ kurzen Flügeln und langen Beinen dabei noch sehr ursprüngliche Merkmale auf. Fledermäuse haben sich bereits kurz nach dem Massensterben der Dinosaurier vor ca. 65 Millionen Jahren auf der Erde entwickelt, die erste Fledermaus umflatterte vielleicht sogar noch die letzten Dinosaurier. Damit ist zumindest anhand von molekularen Untersuchungen zu rechnen. Diese Methode zur Entschlüsselung von Verwandtschaftsbeziehungen hat in den letzten Jahren ohnehin die klassische Einteilung der Fledermäuse aufgrund von morphologischen Merkmalen nach Kleinfledermäusen (Microchiroptera) und Flughunden (Macrochiroptera) auf den Kopf gestellt. Danach zeigt der moderne Stammbaum der Fledermäuse zwei neue Hauptgruppen: Die Pteropodiformes (oder Yingterochiroptera) mit sieben Familien (Flughunde, Mausschwanzfledermäuse, Schweinsnasenfledermäuse, Großblattnasen, Rhinonycteridae (oder Dreizack(blatt)fledermäuse, erst seit 2015 als eigene Familie von den Rundblattnasen abgegrenzt), Rundblattnasen und Hufeisennasen) sowie die Vespertilioformes (oder Yangochiroptera) mit den übrigen 14 Familien (darunter auch die Familien der Langflügelfledermäuse, Glattnasen, Bulldoggfledermäuse mit in Europa vorkommenden Arten).

Die äußerst erfolgreichen Flugsäuger machen ein Viertel aller derzeit bekannten Säugetierarten aus und sind auf jedem Kontinent außer der Antarktis zu Hause. Während die im Tropengürtel von Europa, Afrika und Asien sowie die in Australien vorkommenden Flughunde vegetarisch leben, jagen die meisten Kleinfledermäuse Insekten und Spinnen. Mit ihren unterschiedlichen Jagdtechniken und verschiedenen Ortungsrufen haben sie sich an ganz verschiedene Beutespektren in unterschiedlichen Lebensräumen angepasst. Viele Arten jagen Fluginsekten hinterher, einige orten in der Ansitzjagd vorbeifliegende Insekten, um diese nach kurzer Verfolgung zu fangen. Andere Fledermäuse sammeln ruhende Beute ab, wieder andere setzen fast ganz auf ihre große Ohren und lokalisieren ihre Nahrung passiv anhand von deren äußerst leisen Krabbelgeräuschen. Manche von Fledermäusen gejagte Insekten haben Methoden entwickelt, die sie vor dem Gefressenwerden schützen. So besitzen einige Nachtschmetterlingsarten Gehörorgane am Hinterleib, die Ultraschall-Laute von Fledermäusen wahrnehmen. So kann der Schmetterling bei „Gefahr im Verzug" reagieren und durch Hakenschlagen oder Abtauchen seinem Jäger entkommen. Während in unseren Breiten

Jamaika-Fruchtfledermaus *Artibeus jamaicensis*, Unterfamilie Fruchtvampire, bei der Fruchtmahlzeit. Eine ganze Reihe von Arten aus der formenreichen Blattnasen-Familie besetzen in Südamerika die „Planstelle" der Früchte, Pollen und Nektar verzehrenden Fledertiere, die in der Alten Welt von Mitgliedern der Flughund-Familie wahrgenommen wird. *Foto: D. Nill*

nur Wasser-, Teich- und Langfußfledermäuse gelegentlich kleine Fische erbeuten, machen in den wärmeren Regionen einige wenige Fledermausarten erfolgreich Jagd auf Wirbeltiere wie Frösche, Eidechsen, Fische, Vögel und sogar kleinere Artverwandte. In Europa hat der Riesenabendsegler als einzige Art einen (wahrscheinlich) höheren Beuteanteil an Wirbeltieren, und zwar an kleinen Singvögeln.

Rund 30 % der Fledermäuse leben vegetarisch und ernähren sich von Früchten und Blütennektar. In Südamerika besetzen Arten aus der formenreichen Blattnasenfamilie diese „Planstelle“, von Afrika über Asien bis Australien sind es die Flughunde. Je nach Größe der Frucht wird diese an Ort und Stelle oder im Flug verzehrt. Durch das Verschleppen von Früchten und das Ausscheiden ihrer Samen tragen tropische und subtropische Fledertiere entscheidend – auf einigen tropischen Inseln sogar fast ausschließlich – zur Pflanzenverbreitung bei.

Echte Pflanzenbestäuber sind vor allem Langzungenflughunde in der Alten Welt und Blattnasenarten in der Neuen Welt sowie die seltene Neuseeland-Kurzschwanzfledermaus. Sie werden von Pflanzen angelockt, die nachts aufblühen, oft besondere Düfte verströmen, ihnen Nektar und Pollen bieten und dabei von den Blütenbesuchern bestäubt werden. Diese Pflanzen werden daher auch „Fledermausblumen“ genannt.

Drei Arten aus der Blattnasenfamilie wurden zu echten Parasiten, indem sie sich als Nahrungsquelle das Blut von Vögeln und Säugetieren erschlossen haben. Wenn nicht das Risiko von Krankheitsübertragungen bestünde, wäre der geringe „Blutzoll“, den sich die Vampirfledermäuse von ihren Spendern holen, völlig harmlos.

Alle Fledermäuse nutzen zum Tagesschlaf und – soweit erforderlich – zum Überwintern fertige Quartiere. Einzig die Neuseeland-Kurzschwanzfledermaus ist in der Lage, sich ihr Quartier in morschem Holz selbst zu bauen. Sogenannte „zeltbauende Arten“ aus der Blattnasen-Familie optimieren ihren Hangplatz, indem sie große Blätter entlang der Blattmittelrippe anbeißen, damit die Blattteile zeltartig nach unten fallen und ihnen so besseren Witterungs- und Sichtschutz bieten. Alle anderen Arten sind auf das Vorhandensein arttypischer Hangplätze und Unterschlüpfe angewiesen. Das sind Ast- und Blattwerk von Bäumen, Baumhöhlen aller Art, natürliche Höhlen, aber auch die unterschiedlichsten menschlichen Bauwerke. Vor allem in den gemäßigten Breiten können manche Fledermausarten erst durch das Vorhandensein von geeigneten Bauwerken existieren.

Die Fledermäuse Europas

Im Buch werden alle 51 Arten aus fünf Familien vorgestellt, die entsprechend des Übereinkommens zum Schutz der europäischen Fledermaus-Populationen (UNEP/EUROBATS) als europäische Arten gelten (Stand 8. Vertragsstaatenkonferenz in Monte Carlo, Monaco, 8.–10. Oktober 2018; siehe auch S. 135–136). Nur die Verfügbarkeit unbestätigter Aufzeichnungen hatte EUROBATS veranlasst, *Plecotus gaisleri* als eigene Art von dieser neuesten Checkliste der europäischen Fledermäuse auszuschließen. Neue Erkenntnisse, die auf Felduntersuchungen, molekularen Analysen und Modellierungen beruhen, bestätigen jedoch, dass *Plecotus gaisleri* (BENDA, KIEFER, HANÁK & VEITH, 2004) in Italien (Pantelleria), Malta und Gozo vorkommt, wobei die europäischen Inselpopulationen von *P. gaisleri* eine höhere Haplotyp-Vielfalt aufweisen als die nordafrikanischen Populationen und somit wichtige Schutzeinheiten bilden. Auch bleibt festzuhalten, dass sich in Europa wohl noch weitere, neu zu beschreibende Arten hinter bereits bekannten verstecken, die erst durch molekulargenetische Untersuchungen als eigenständige Arten erkennbar werden (sogenannte „kryptische“ Arten). Zur Erklärung der zoologischen Nomenklatur sei noch darauf hingewiesen, dass aufgrund von Änderungen in der Systematik Autor und Datum dann in ( ) gesetzt sind, wenn diese Art vom Erstbeschreiber einer anderen Gattung zugeordnet war.

Fledermauswanderungen

Das Bundesamt für Naturschutz und das Zoologische Forschungsmuseum Alexander König (ZFMK) in Bonn werteten bei einem Forschungsprojekt Beringungs- und Wiederfunddaten von 36 Fledermausarten aus (Hutterer et al. 2005). Die Ergebnisse zeigen, dass die untersuchten Arten in drei Gruppen unterteilt werden können: Fernwanderer, die alljährlich 1.500 bis 2.000 km zwischen ihren Sommer- und Winterquartieren zurücklegen können (Abendsegler, Kleinabendsegler, Rauhautfledermaus und Zweifarbfledermaus), regionale Wanderer, die über Entfernungen von 100 bis 800 km wandern (z. B. Großes Mausohr, Mopsfledermaus, Wasserfledermaus) und stationäre Arten, die keine weiten Wanderungen durchführen (z. B. Kleine Hufeisennase, Bechsteinfledermaus, Braunes Langohr).

Artbeschreibungen

Die Artbeschreibungen entsprechen in ihrer Reihenfolge der Auflistung der Arten bei EUROBATS. Der Abdruck der Verbreitungskarten geschieht mit freundlicher Genehmigung der UNEP/EUROBATS, Kartographie: Battersby, J. (comp.): Guidelines for Surveillance and Monitoring of European Bats, EUROBATS Publication Series No. 5, based on the IUCN Global Mammal Assessment.

Die Abkürzungen in den Arttexten stehen für:

KRL	Kopf-Rumpf-Länge	**Hfl**	Hinterfußlänge
Ol	Ohrlänge	**Ual**	Unterarmlänge
Sl	Schwanzlänge	**FS**	Flügelspannweite
Dkr	Daumenkrallen-Länge	**G**	Gewicht (in g)
Dl	Daumenlänge	**F**	Finger, Zahlenangaben dabei in römischen Ziffern I–V
Tl	Traguslänge		
Tb	Tragusbreite		

alle Längenmaße in mm

Familie: Pteropodidae (Flughunde)

Nilflughund

Rousettus aegyptiacus (Geoffrey, 1810)
Egyptian fruit bat (engl.), Rousette d'Égypte (frz.)

Ortungslaute: Doppelklicks zwischen 70 und 12 kHz und einer Länge von 0,3–0,6 ms.

Mittelgroßer Flughund, im Verhältnis zu den europäischen Fledermäusen eine große Art. KRL 101–167, Sl 7–25, Ual 80,2–102, Ol 20–27, G 71–166, FS 485–640.

Fuchsartiger Kopf mit großen Augen und einfach konstruierten Ohren. Hell- bis graubraunes Rückenfell, am Bauch mehr gelblich grau und etwas heller. Jungtiere sind spärlicher behaart und grauer. Ansatz der Armflughaut an der 1. Fußzehe. Kurzer Sporn; Spitze des kurzen Schwanzes überragt etwas die Schwanzflughaut. Die Männchen sind etwas größer als die Weibchen.

Verbreitung: Ganz Afrika südlich der Sahara, Naher und Mittlerer Osten,

Nilflughund *Rousettus aegyptiacus* *Foto: E. Grimmberger*

Zypern, Pakistan bis Nordwest-Indien. Auf Teneriffa seit 2000 eingeführt.

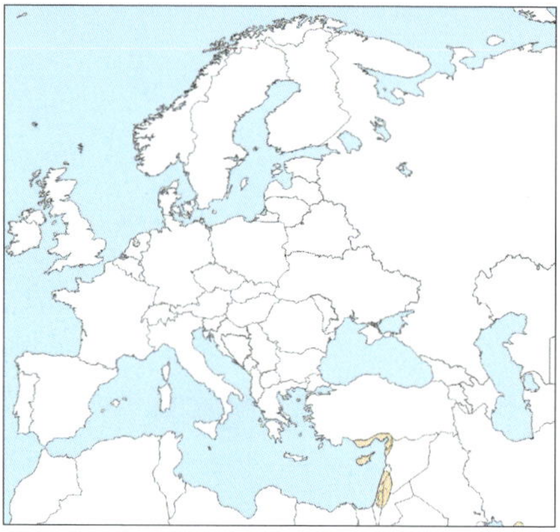

Lebensweise: Nilflughunde besiedeln Trockengebiete mit Wäldern und Siedlungen in den Tropen und Subtropen. Als Quartiere beziehen sie Höhlen, im Sommer auch Baumkronen. Dabei bilden sie Kolonien von 50–500, in manchen Höhlen von mehreren tausend Tieren. Ihre Ortungslaute werden durch jeweils einen Zungenschlag in der rechten und linken Mundseite erzeugt. Solange es hell genug ist, orientieren sich Nilflughunde mit ihren ausgezeichneten Nachtaugen.

Während die Geschlechter im Winter gemischte Kolonien bilden, finden sich die Weibchen zur Fortpflanzungszeit in Wochenstubengesellschaften zusammen. Je nach Region kann die Fortpflanzungsperiode zu einer anderen Jahreszeit sein. In dieser Zeit halten sich die Männchen in kleinen, separaten Kolonien auf. Nilflughunde teilen sich häufig mit anderen Fledermausarten das Höhlenquartier. Ohne Winterschlaf verbringen sie kühle, nasse Perioden bei reduzierter Aktivität im Quartier. Bis zu 24 km legen die Tiere auf ihren nächtlichen Nahrungsflügen zurück. Dabei verzehren sie hauptsächlich Früchte, in Plantagen bevorzugt überreife Exemplare. Ihr ausgezeichneter Geruchssinn, aber auch ihr Sehvermögen, leiten sie zu ihren Nahrungsquellen. Die Früchte werden im Hängen gepflückt und dann nicht selten bis zu 400 m weit im Maul zu einem Verzehrplatz getragen. In nahrungsknappen Zeiten (Winter) werden auch Blätter (Johannisbrotbaum, Feige) und Triebe (Maulbeerbaum) verzehrt.

Nach 4-monatiger Tragzeit gebären die Weibchen 1, selten 2 Junge, die mit etwa 70 Tagen selbständig sind. Im Quartier tragen die Mütter ihre noch unselbständigen Jungen am Körper und umhüllen sie dabei mit den Flügeln.

Wanderungen: Nilflughunde unternehmen keine weiten Wanderungen. Allerdings kommen auf Zypern und im Nahen Osten lokale Ortswechsel zwischen Sommer- und Wintergebieten vor.

Schutz: Auf Zypern und in Kleinasien benötigen die Tiere Schutz vor Störungen in ihren Koloniehöhlen. Die auf Teneriffa ausgesetzten und sich vermehrenden Nilflughunde können dort endemische Pflanzen schädigen und werden eventuell zu entscheidenden Nahrungskonkurrenten für zwei hochgefährdete endemische Taubenarten (Silberhalstaube *Columba trocaz* und Bolles Lorbeertaube *C. bollii*).

Nilflughund *Rousettus aegyptiacus* Foto: T. Pröhl/fokus-natur.de

Familie: Emballonuridae (Glattnasen-Freischwänze)

Nacktbauch-Grabfledermaus

Taphozous nudiventris Cretzschmar, 1830

Naked-rumped tomb bat (engl.), Taphien à ventre nude (frz.)

Mittelgroße Fledermaus mit keilförmigem Kopf, kurzen Ohren, einem pilzförmigen Tragus und auffallend großen Augen. Der Schwanz tritt etwa in Mitte der Schwanzflughaut nach oben aus. Der Sporn ist ohne Epiblema. Die langen, schmalen Flügel zeichnen die Grabflatterer als schnelle Flugjäger im freien Luftraum aus. KRL 78–110, Sl 25–41, Ual 64–83,3, Hfl 11–18, Ol 17–27, G 29–83. Hell graubraunes Rückenfell, der Bauch ist eine Spur heller, mit fließendem Übergang von der Oberseite zur Unterseite. Jungtiere sind dunkler gefärbt. Am Unterbauch und Hinterrücken fehlt das Fell (daher Nacktbauch-Grabfledermaus). Unter der nackten Haut schimmern im Winter gelborange Fettdepots durch. An Füßen und Schwanz sitzen lange Tasthaare. Während an der Kehle des Männchens eine deutlich sichtbare kleine Drüse sitzt, findet sich diese beim Weibchen nur in Andeutung. An der Unterseite der Flügel im Bereich des Handgelenkes zwischen Unterarm und 5. Finger besitzt die Art eine Hauttasche. In Ruhegestellung werden die Flügelspitzen ungewöhnlich z-förmig zusammengefaltet, wobei das 1. Fingergelenk des 4. Fingers unter dem zusammengefalteten Flügel sichtbar ist.

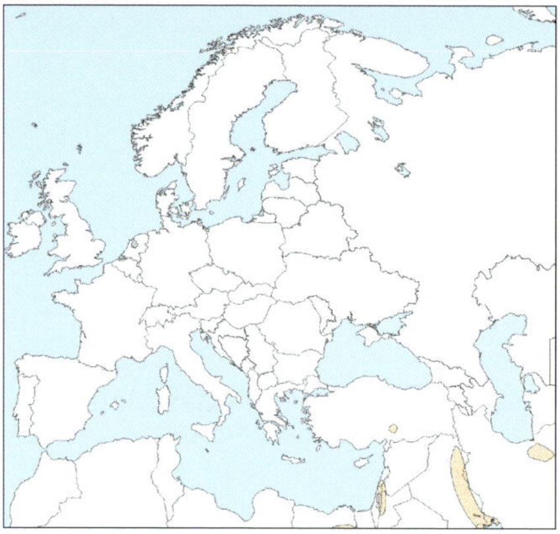

Verbreitung: Die Unterart *T. n. nudiventris* kommt in W- und O-Afrika, Ägypten, Israel, Jordanien, Indien, Pakistan und S-Arabien vor, die Unterart *T. n. magnus* in Syrien, im Iran, Irak und der NO-Türkei.

Lebensweise: Nacktbauch-Tempelfledermäuse bewohnen Trockengebiete und beziehen dort in Grabgewölben, Kellern, Gebäuden, Höhlen und Felsspalten ihre Quartiere, dort oft in hellen Bereichen. Gruppen von über 1000 Tieren können in einem Quartier gefunden werden. Die Weibchen kommen etwa ab April in ihren Wochenstuben zusammen. Ab Ende Mai/Juni bekommen sie jeweils 1 Junges, von denen die weiblichen Tiere im 1. Jahr geschlechtsreif sind. Die Männchen leben gesellig in Männchenquartieren zusammen. Schrille Rufe und ein intensiver Geruch machen auf die Quartiere der Art aufmerksam. Im Irak finden sich Hinweise für Wanderungen in Winterquartiere. Zum Winterschlaf oder zum in den Torpor fallen ziehen sich die Tiere von Ende November bis März in Spalten zurück oder bilden dachziegelartig übereinander sitzend ganze Cluster. Zum Jagdflug starten sie ¼ bis ½ Stunde vor Sonnenuntergang. Bis zu 54 km/h schnell und

Nacktbauch-Grabfledermaus *Taphozous nudiventris* *Foto: E. Grimmberger*

hochjagend werden Käfer, Schmetterlinge, Heuschrecken, fliegende Termiten, Schaben und andere Fluginsekten erbeutet. Im Segelflug können die Fledermäuse in 100–200 m Höhe mehrere Minuten verbringen. Wenn sie in ihren hellen Quartieren gestört werden, setzen sie ihre Ultraschall-Echoortung so gut wie nicht ein. Bewegungen verfolgen sie aufmerksam mit den Augen, um seitlich oder rückwärts laufend wie ein Krebs in Spalten zu flüchten. Dabei wird der Schwanz als Tastorgan eingesetzt. Auch sehr schnelle Bewegungen und Sprünge gehören zu ihrem Repertoire. In Ruhehaltung sitzen sie meist einzeln mit leicht abgespreizten Flügeln und eng an die Unterlage gepresst. Ihre Ultraschall-Laute geben sie beim Jagdflug über das Maul ab.

Familie: Rhinolophidae (Hufeisennasen)

Blasius-Hufeisennase

Rhinolophus blasii PETERS, 1866
Blasius' horseshoe bat (engl.), Rhinolophe de Blasius (frz.)

Ortungslaute: 92–98 kHz.

Mittelgroße Hufeisennase, etwas größer als die Mittelmeerhufeisennase. KRL 46–62, Sl 20–31, Ual 43,5–49.4, Hf 7,0–9,3, Ol 16–21, FS 270–310.

Oberer Fortsatz der Sella spitz nach oben gerichtet, von vorn betrachtet sehr lang und mit dem spitzen Ende fast die Linie der Querfalte unterhalb der Lanzette ereichend. Die Fellfärbung ähnlich der Mittelmeerhufeisennase, nur etwas blasser, Haarspitzen sepiabraun, Basen hellbraun, heller als bei der Mittelmeerhufeisennase. Bauch heller als Rücken, Haare mehr einfarbig, lederbraun. Ohren und Flughaut sepiabraun. Flughaut weniger durchscheinend und daher dunkler als die Ohren.

Verbreitung: In Europa auf die Balkanhalbinsel und Rumänien beschränkt. Asiatisches Verbreitungsgebiet umschließt Kleinasien und Zypern, Transkaukasien, Turkmenistan, Iran, Afghanistan und Pakistan im Osten; vom Nahen Osten (Israel, Jordanien, Syrien) und Arabien südlich

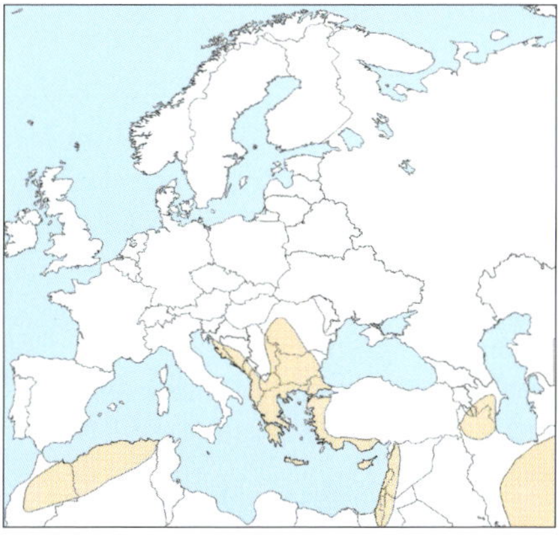

Blasius-Hufeisennase *Rhinolophus blasii* *Foto: D. Nill*

bis zum Jemen und Oman. In Nordafrika (Marokko, Algerien, Tunesien); Äthiopien und Somalia; Zaire, Sambia, Malawi, Simbabwe, Mosambique und Südafrika.

Lebensweise: Die Art bewohnt warme und trockene bewaldete Gegenden. Natürliche Höhlen und vom Menschen geschaffene Hohlräume sind die häufigsten Quartiere im gesamten Verbreitungsgebiet. Die Blasius-Hufeisennase ist auf weichhäutige Nahrungstiere spezialisiert und fängt hauptsächlich Nachtfalter.

Mittelmeerhufeisennase

Rhinolophus euryale (Blasius, 1853)
Mediterranean horseshoe bat (engl.), Rhinolophe euryale (frz.)

Ortungslaute: 104–109 kHz.

Mittelgroße Art, in der Größe zwischen Kleiner und Großer Hufeisennase. KRL 43–58, Sl 22–32, Ual 43–51, FS 300–320, Hfl 8–10,5, Ol 18–24, G 7,5 –17,5.

Oberseite graubraun, leicht weinrötlich bis lila getönt, Unterseite heller, grauweiß bis braunweiß. Nasenaufsätze mit Lanzette in Form eines gleichseitigen Dreiecks. Die Lanzette verschmälert sich nach oben gleichmäßig. Oberer Sattelfortsatz spitz und lang, etwas nach unten gekrümmt, unterer Sattelfortsatz kurz. Um die Augen oft dunklere braune Haare, weiches und lockeres Fell. Nackte Teile des Gesichts hell bräunlich, Ohren braun bis hellgrau, teilweise transparent.

Verbreitung: eine SW-paläarktische Art vom Mittelmeer-Gebiet nach Turkestan und Iran, einschließlich N-Ma-

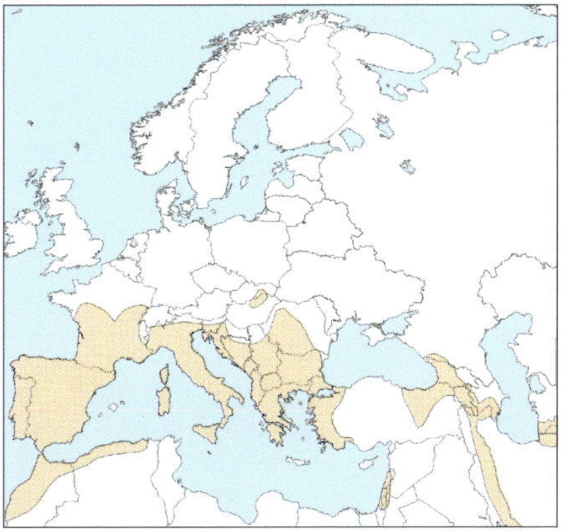

rokko, N-Algerien, Tunesien und vom Kaukasus nach Israel reichend.

Lebensweise: Die Mittelmeerhufeisennase bevorzugt höhlenreiche Karstgebiete in waldiger oder buschiger Umgebung mit Wassernähe, bewohnt Küstenkarst, Karsttäler oder Karstfelder, von niederen Lagen bis ins Gebirgsvorland, die zumindest im Sommer warm sind. Sommerquartiere meist in natürlichen Höhlen. Wochenstuben finden sich

Mittelmeerhufeisennase *Rhinolophus euryale* *Foto: A. Limbrunner*

nahe dem Eingang, oder auch tiefer in Höhlen, jedoch regelmäßig an den wärmsten Stellen. Winterquartiere immer unterirdisch, meistens in großen Höhlen mit konstantem Mikroklima (10–12,5° C). Jagdgebiete nah zu den Tagesquartieren. Die Art fliegt langsam, sehr wendig und mit großer Geschicklichkeit auch im dichten Gebüsch und kann rüttelnd Insekten von der Vegetation aufnehmen. Die Beute (Nachtfalter und andere Insekten) wird zum Teil an Schlafplätzen verzehrt.

Große Hufeisennase

Rhinolophus ferrumeqinum (SCHREBER, 1774)
Greater horseshoe bat (engl.), Grand rhinolophe (frz.)

Ortungslaute: 79–84 kHz.

Größte europäische Hufeisennase. KRL 48–74, SI 28–46, Ual 52,8–61, OI 18–27,5, G 13–34, FS 330–440.

Felloberseite graubraun oder braun mit leicht rötlicher Tönung. Unterseite heller, grau- bis gelblichweiß; Jungtiere grauer, Oberseite aschgrau. Nasenaufsatz charakterisiert durch großes Hufeisen, oberer Sattelfortsatz im Profil abgerundet, unterer spitz. Breite Flügel mit braunen bis graubraunen Flughäuten. Im Winterschlaf ähnlich wie Kleine Hufeisennase in Flügel eingehüllt.

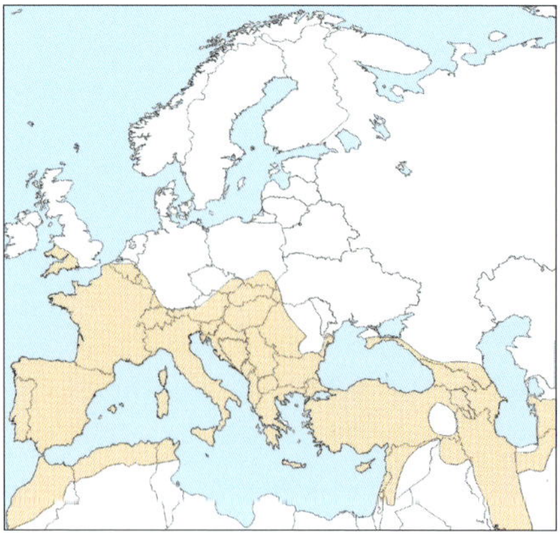

Verbreitung: Vorwiegend in Südeuropa, bis 50°N, Nordwest-Afrika, Kleinasien, Indien, China, Korea, Japan (dort andere Unterart(en)).

Lebensweise: In Mitteleuropa sind reich strukturierte Gebiete mit einem Mosaik aus Laubwäldern, Weiden, Hecken, Obstwiesen und Baumreihen ihr Lebensraum. Im Mittelmeerraum kommen Große Hufeisennasen bis in Gebirgslagen vor. Sie bewohnen dort bewaldete oder mit Macchie bestandene (Karst-)Gebiete mit Höhlen und Wasserläufen.

Im Süden vorzugsweise Höhlenfledermaus, bezieht die Art im nördlichen Verbreitungsgebiet fast ausschließlich Dachböden oder andere warme Bauwerksteile (Keller) als Sommerquartiere/Wochenstuben. Während dort die Wochenstuben meist zwischen 20–200 Tiere um-

Große Hufeisennase *Rhinolophus ferrumeqinum* *Foto: A. Limbrunner*

fassen, können sie im Süden bis zu 1.000 Exemplare beherbergen. Der Männchenanteil in den Wochenstuben liegt im Mittelmeerraum unter 1 %, während er in Großbritannien wohl wegen des begrenzten Sommerquartierangebots bei 25 % liegt. Die Großen Hufeisennasen hängen meist in dichten Clustern im Quartier, bei hohen Temperaturen dagegen einzeln. Oft sind sie mit anderen Arten vergesellschaftet (z. B. in Luxemburg mit Wimperfledermäusen). Die Geburten erfolgen im Juni und Juli. In ihrem nördlichen Verbreitungsgebiet erreichen die Weibchen deutlich später (erst mit 3–4 Jahren) als im Süden die Geschlechtsreife. Ab Spätsommer besetzen die Männchen feste Paarungsquartiere (Dachstühle, Höhlen, Stollen). Dort werden sie über Jahre von denselben Weibchen besucht.

Im langsamen, niedrigen Flug über Boden oder dicht über der Vegetation werden auf Weiden gerne große Mist- und Mondhornkäfer, über Blüten Nachtfalter detektiert und gefangen. Die gejagten Insekten keschern Große Hufeisennasen oft mit den Flügeln. Häufig führen sie auch eine Ansitzjagd aus, bei der die Beute hängend detektiert, kurz im Flug erjagt und wiederum im Hängen an der Jagdwarte oder einem Fraßplatz ver-

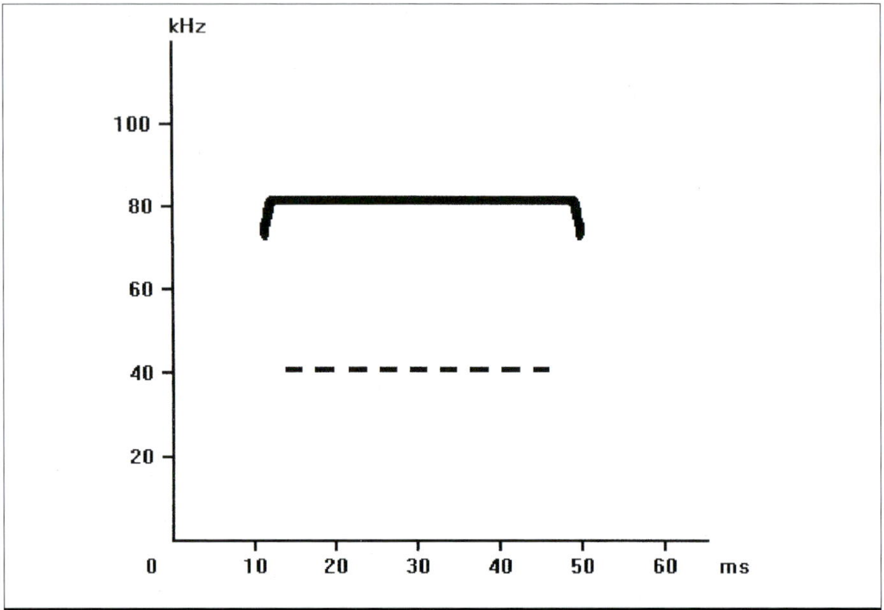

Sonagramm eines Ortungslautes der Großen Hufeisennase während der Ansitzjagd. Die Grundfrequenz des ca. 40 ms dauernden, bei ca. 81 kHz liegenden reinen Tons (CFTeil) ist dabei schwach (---). Nach Jones und Rayner (1989).

Große Hufeisennase *Rhinolophus ferrumeqinum* *Foto: C. Robiller/Naturlichter.de*

zehrt wird. Das Beutespektrum ändert sich saisonal und wird je nach Dichte opportunistisch oder selektiv bejagt. Die Jagdgebiete der Großen Hufeisennase liegen in Mitteleuropa innerhalb eines 5-km-Radius um das Quartier, während in Südeuropa Jagdflüge bis 10 km weit unternommen werden.

Wanderungen: Große Hufeisennasen sind sehr ortstreu. Nur vereinzelt kommen Wanderungen von über 100 km bis maximal 500 km vor. Als Leitlinien bei den saisonalen Quartierwechseln dienen wohl vor allem Flusstäler. Tiere dieser Art fliegen gerne entlang von Heckenstrukturen und überqueren nur selten größere, offene Flächen wie Äcker.

Kleine Hufeisennase

Rhinolophus hipposideros (BORKHAUSEN, 1797)
Lesser horseshoe bat (engl.), Petit rhinolophe (frz.)

Ortungslaute: 104–114 kHz.

Kleinste der fünf europäischen Hufeisennasen-Arten. KRL 33–46, Sl 20,5–33, Ual 33,9–42,5, Ol 14–19, G 3,8–9, FS 190–254.

Häutiger Nasenaufsatz über den Nasenlöchern. Arttypisch ist der obere Sattelfortsatz kurz und abgerundet, der untere deutlich länger und im Profil spitz. Die häutigen Nasenaufsätze (Hufeisen, Sattel und Lanzette) sind hell fleischfarben mit dunklem Anflug. Ohr relativ groß, überragt nach vorne gelegt die Schnauzenspitze um ca. 5 mm. Ohrspitze nach auswärts gerichtet. Die Ohren können unabhängig voneinander bewegt werden. Kein Tragus vorhanden, ein gut entwickelter Antitragus steigt schräg nach vorn an. Kleine Augen. Haarbasis hellgrau, Oberseite bräunlich rauchfarben, auch rötlich braune Farbtöne kommen vor. Unterseite grau bis grauweiß, auch gelblich braun.

Jungtiere mehr grau. Fell weich und locker. Ohren hell graubraun, Flughäute dunkelbraun. Flügel breit und gerundet. Im Ruhezustand hüllen sich die Tiere in die Flughäute ein, die Schwanzflughaut wird dabei kopfwärts auf den Rücken umgeschlagen. Hinterfüße klein. Sporn dünn, länger als das äußere Drittel des Schwanzflughautrandes.

Die Weibchen haben wie bei allen Hufeisennasen-Arten ein paar Haftzitzen im Beckenbereich.

Verbreitung: Das Vorkommen reicht von allen Hufeisennasen am weitesten nach Norden und erreicht West-Irland sowie das westliche Großbritannien. Ursprünglich lag die nördliche Verbreitungsgrenze auf dem Kontinent entlang 51–52°N.

Kleine Hufeisennase *Rhinolophus hipposideros* *Foto: A. Limbrunner*

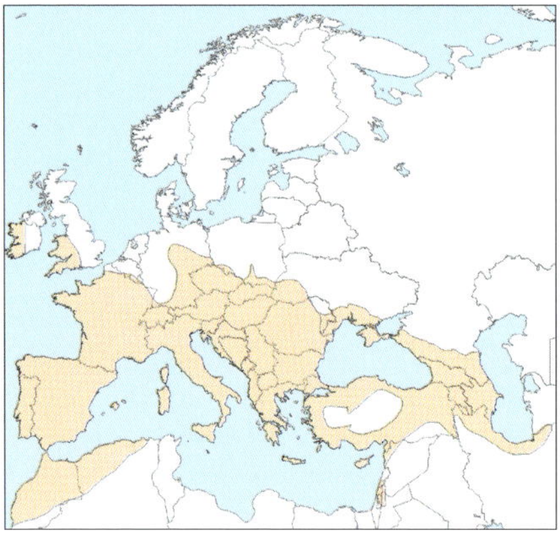

Nach Bestandseinbrüchen in den 1960er Jahren Verlagerung nach Süden mit nördlichen „Vorposten" in den wärmebegünstigten Bereichen von Saale-Unstruth (Thüringen), Dresdener Becken (Sachsen) und Rosenheimer Becken (Bayern). Im Mittelmeergebiet noch weit verbreitet, mit Vorkommen in N-Afrika, auf allen größeren Inseln bis Kleinasien rund um das Schwarze Meer, in Asien bis Kaschmir sowie im Nahen Osten, Iran, Irak, auf der Arabischen Halbinsel und in Teilen Ostafrikas.

Lebensweise: Zumindest in Mitteleuropa ist die Kleine Hufeisennase eng an menschliche Siedlungen gebunden. Ihre Wochenstuben befinden sich meist auf warmen Dachböden, in beheizten Kellern oder an ähnlichen wärmebegünstigten Orten, die über einen freien Einflug verfügen. Idealerweise weisen die Räume Bereiche mit unterschiedlichen Mikroklimaten auf, so dass je nach Witterung der optimale Hangplatz gewählt werden kann. Die Kolonien setzen sich aus bis zu 100 Tieren zusammen (in Südeuropa auch deutlich darüber). Wie im Sommer suchen die Tiere auch im Winter die wärmeren Bereiche auf. In Mitteleuropa werden Keller als Hangplatz bevorzugt, während die Art beispielsweise in Osteuropa in Höhlen überwintert. In beiden Fällen hängen die Tiere einzeln und frei an Wänden und Decken.

Die Art verlässt ihr Quartier erst spät bei völliger Dunkelheit und sucht ihre Jagdgebiete im Umkreis weniger Kilometer auf. Als bevorzugte Jagdhabitate dienen je nach Vorhandensein lichte Wälder, Parks und Gärten sowie eine kleinräumig strukturierte, extensiv genutzte Kulturlandschaft. Das Nahrungsspektrum umfasst vor allem kleine Dipteren und Lepidopteren, die auch direkt vom Boden abgesammelt werden. Jagdflug meist in geringer Höhe (1–5 m).

Wanderungen: Kleine Hufeisennasen gehören zu den Kurzstreckenziehern. Ihre Winterquartiere befinden sich in der unmittelbaren Umgebung der Sommerquartiere. So ergibt sich für die Art ein Jahreslebensraum von nur 10–20 km Durchmesser.

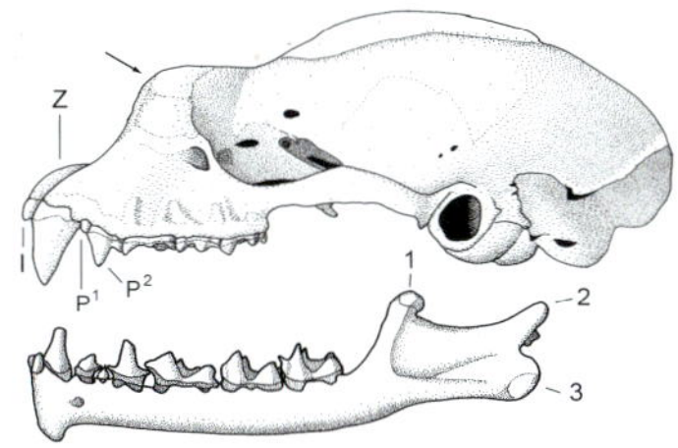

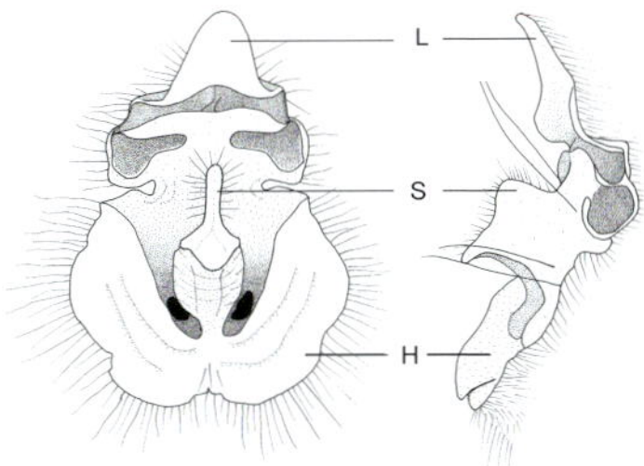

Schädel der Kleinen Hufeisennase (oben); man beachte die für Hufeisennasen typisch aufgeblähte Nasenregion. Zahnformel 1123/2133 = 23. Häutige Nasenaufsätze (unten); H – Hufeisen, S – Sattel (Längskamm), L – Lanzette. (Hg. Anastasia/Chalkidikie, Griechenland; leg. H. Roer)

Kleine Hufeisennase *Rhinolophus hipposideros* *Foto: T. Pröhl/fokus-natur.de*

Mehely-Hufeisennase *Rhinolophus mehelyi* *Foto: D. Nill*

Mehely-Hufeisennase

Rhinolophus mehelyi MATSCHIE, 1901
Mehely's horseshoe bat (engl.), Rhinolophe de Mehely (frz.)

Ortungslaute: 104–111 kHz.

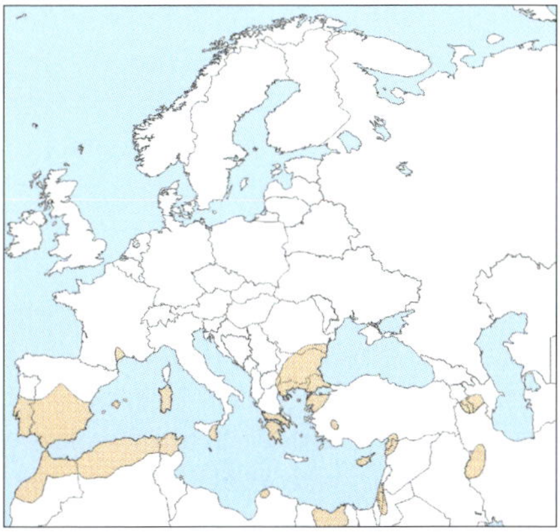

Größte der drei mittelgroßen europäischen Hufeisennasen. KRL 42–64, Sl 16,2–37, Ual 46,5–55,5, Ol 18–25, G 7–23. 2. Glied des IV. F. mehr als doppelt so lang wie 1. Glied.

Felloberseite graubraun, Unterseite fast weiß. Nasenaufsätze mit Lanzette, die sich nach oben plötzlich verschmälert und in eine dünne Spitze ausläuft. Dunkle Brille um die Augen, auffälliger als bei Mittelmeer-Hufeisennase.

Verbreitung: Von Portugal über Spanien, S-Frankreich, S-Italien mit Sizilien, Sardinien, Balkan, Türkei, Kaukasus-Region, Iran und Afghanistan, Zypern, Israel, Libanon, Jordanien, Ägypten, Libyen, Tunesien, Algerien, Marokko.

Mehely-Hufeisennase *Rhinolophus mehelyi* *Foto: C. Robiller/Naturlichter.de*

Lebensweise: Höhlenreiche Karstgebiete, oft küstennah, Halbsteppen und Steppen sowie Bergland mit Trocken-Vegetation sind Lebensräume der Art. Ihre Quartiere bezieht sie meist in Höhlen oder auf Dachböden alter Gebäude. Im Quartier oft mit anderen Rhinolophus-, Myotis-Arten und mit Miniopterus vergesellschaftet. Die Wochenstuben können bis zu 3.000 Tiere umfassen. Meist kommen in den Wochenstuben auch einzelne Männchen vor. Nach Eintritt der Dunkelheit verlassen die Tiere das Quartier, um vorwiegend in offenen Landschaften Schmetterlinge, Käfer und andere Insekten fliegend oder vom Ansitz aus zu erjagen, bzw. von Unterlagen oder vom Boden abzulesen. Gejagt wird meist 3–5 km um das Quartier, manchmal auch bis in 10 km Entfernung.

Die Geburten erfolgen im Juni und Juli, wobei die Weibchen, wie die anderen Hufeisennasen auch, ein Junges gebären. Oft bilden einzelne Gruppen im Quartier enge Cluster. Über eine Tagesschlaflethargie ist nichts bekannt. Der Winterschlaf dauert von November bis März. Bleiben die Tiere ganzjährig in derselben Höhle, wechseln die Winterkolonien in kältere Höhlenteile.

Wanderungen: Mehely-Hufeisennasen sind eher ortstreu. Weitere Wanderungen lagen bei 90 km.

Vespertilionidae (Glattnasen)

Mopsfledermaus

Barbastella barbastellus (SCHREBER, 1774)
Western barbastelle bat (engl.), Barbastelle (commune/d'Europe) (frz.)

Ortungslaute: Zwei frequenzmodulierte Ruftypen: 1. Typ: von ca. 45 kHz auf 30–35 kHz abfallend; Länge 3–6 ms, 2. Typ: von ca. 36 kHz auf ca. 28 kHz abfallend; Länge 2–3 ms. Hauptfrequenz bei 33–35 bzw. bei etwa 65 kHz; entlang von Baumkronen; Kurzes, hartes, etwas nasses Ticken mit relativ deutlichem Oberton.

Mittelgroße Art mit mopsartig gedrungener Schnauze. KRL 44–60, Sl 38–52, Ual 36,5–43,5, Ol 11,8–18, G 5,6–14,2.

Nasenlöcher öffnen sich nach oben. Dichtes, seidiges, relativ langhaariges Fell, das schwarzbraun gefärbt ist. Bei europäischen Tieren wirkt das Fell durch helle Haarspitzen wie bereift. Der Schnauzenteil ist im Profil flach, der Hirnschädel gewölbt. Die breiten, trapezförmigen, nach vorne gerichteten und miteinander verbundenen Ohren weisen zum Teil einen knopfartigen Lappen am Außenrand auf. Der Tragus besitzt eine lange Spitze. Die Mundspalte ist klein, das Gebiss zart.

Mopsfledermaus *Barbastella barbastellus* Foto: A. Limbrunner

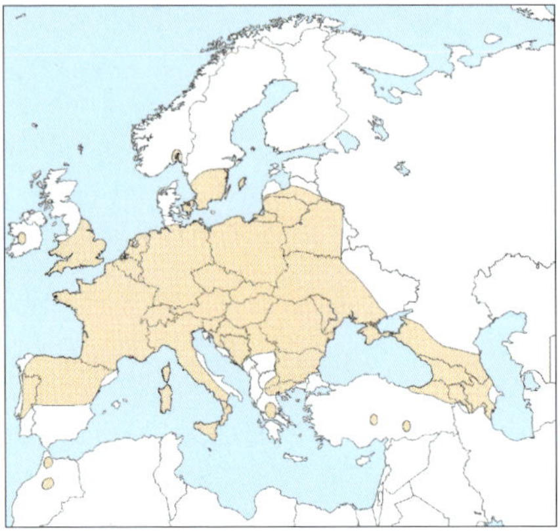

Verbreitung: Von Südengland im Westen über Weißrussland, Ukraine bis zum Kaukasus im Osten und Südosten. In Südeuropa nur sporadisch vorkommend.

Lebensweise: Die Wochenstuben befinden sich überwiegend in Spalten an Gebäuden oder hinter sich lösender Borke an Bäumen. Letzterer ist wohl der häufigere und natürliche Quartiertyp, der allerdings schwerer zu finden ist. Die bekannten Wochenstuben setzen sich meist nur aus kleinen 5–25 Weibchen zählenden Kolonien zusammen. In Gebäudequartieren werden oft größere Individuenzahlen festgestellt, was auch methodisch bedingt sein kann. Wochenstubenkolonien wechseln ihr Quartier regelmäßig, entweder von Baum zu Baum oder innerhalb eines Gebäudes. Winterquartiere befinden sich in Höhlen und Stollen, v. a. aber in Festungs- und Bunkeranla-

Mopsfledermaus *Barbastella barbastellus* *Foto: C. Robiller/Naturlichter.de*

gen. Die große Toleranz gegenüber Frost lässt vermuten, dass Mopsfledermäuse auch in Spaltenquartieren an Gebäuden oder Bäumen überwintern können. Die Jagdgebiete liegen in einem Radius von 8–10 km um das Quartier, aber besonders bei Männchen auch näher am Quartier. Sie liegen überwiegend im Wald, vereinzelt an Wasserläufen. Durch ihre besondere Form der Echoortung gelingt es Mopsfledermäusen, kleine Nachtschmetterlinge als Hauptbeute erfolgreich zu bejagen, die normalerweise in der Lage sind, Ultraschall wahrzunehmen. Jagdflug meist in geringer bis mittlerer Höhe (2–8 m), häufig dicht über Kronenbereich.

Wanderungen: Die Art gilt als ortstreu mit saisonalen Wanderungen zwischen Sommer- und Winterlebensraum von meist < 40 km. Für Mopsfledermäuse wurden äußerst selten längere Überflüge zwischen Sommer- und Winterlebensraum beschrieben, darunter auch unter 300 km weite Wanderungen.

Östliche Mopsfledermaus, Asiatische Mopsfledermaus

Barbastella caspica (SATUNIN, 1908)
Eastern barbastelle bat (engl.), Barbastelle orientale (frz.)

Sie ist die größte Mopsfledermaus-Art. KRL 52–58, Sl 49–63, Ual 41,5–46,6, Ol 17,3–20, Dl 5,6–6,5, G 10,7–14 g.

Langes, lockeres Rückenfell mit weißgrauen bis gelblichgrauen Haarspitzen. Bauchseitig mit schwarzgrauer Haarbasis und hell weißgrauen Haarspitzen. Fell insgesamt heller als das von *B. barbastellus*. Gesicht und Flughäute sind hell graubraun bis mittelbraun gefärbt. Hautlappen am Ohr kleiner als bei *B. barbastellus*.

Verbreitung: Kaukasus, Iran, Afghanistan, Mittelasien, Indien, Pakistan, Japan.

Lebensweise: Nirgends häufig kommen die Tiere v. a. in Trockengebieten, Halbwüsten und Gebirgsregionen bis 2.500 m (Kaukasus) vor. Ihre Quartiere beziehen sie in Baumhöhlen, hinter Rinde und in anderen Spalten. Im Juni werden die 1–2 Jungen in den kleinen weniger als zehn Weibchen umfassenden Wochenstuben geboren. Als Winterquartiere dienen Höhlen und Tunnel.

Ognevs Fledermaus

Eptesicus ognevi Bobrinskii 1918
Ognev's serotine bat (engl.), Sérotine de Ognev (frz.)

Mittelgroße Art. KRL 53–69 (52–60), Sl 35–53 (39,3–44), Ual 38–45,5 (40–44), Ol 15–22,5 (12–16,5), G 10,1–19 (Maße von *E. b. ognevi*, in Klammern die von *E. b. innesi*). Helles, sand- bis graubeige farbiges Rückenfell und weiße bis grauweiße Bauchseite. Schwanzspitze 3–4 mm aus Flughaut herausragend. Abgerundeter Tragus. Gesicht, Ohren und Flughaut blass- bis rötlichbraun.

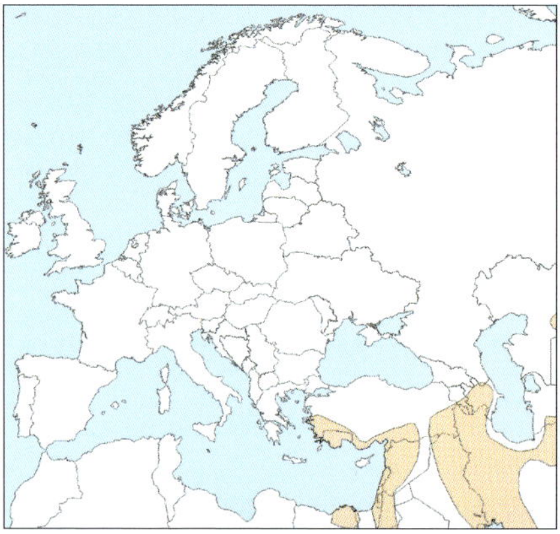

Verbreitung: In drei Unterarten in Ägypten (Kairo, Sinai), Israel, in der Kaukasusregion, Afghanistan und Syrien sowie im Irak.

Lebensweise: Ognevs Breitflügelfledermaus lebt in Halbwüsten, Wüsten und Felsregionen. Sie bezieht Quar-

Nordfledermaus *Eptesicus nilssonii* *Foto: A. Limbrunner*

tiere in Felsspalten von Canyons, aber auch in Gebäuden und Ruinen. In den Wochenstuben, die meist nur einige Dutzend Weibchen umfassen, gebären die Mütter von April bis Juni meist zwei Junge. Die Tiere jagen im schnellen Flug über Felsen, der Vegetation, um Straßenlaternen oder oft auch dicht über dem Boden meist in kreisförmigen Flugbahnen nach Hautflüglern, Schmetterlingen und Käfern.

Nordfledermaus

Eptesicus nilssonii (KEYSERLING & BLASIUS, 1839)
Northern bat (engl.), Sérotine de Nilsson (frz.)

Ortungslaute: Frequenzmoduliert mit nahezu frequenzkonstantem Endteil 26–29 kHz. Hauptfrequenz bei 30 kHz; Länge bis 20 ms; entlang von Waldrändern; nasse Laute, langsamer, unregelmäßiger Rhythmus.

Mittelgroße Art mit satt dunkelbrauner Oberseite und goldglänzenden Haarspitzen. KRL 54–64, Sl 35–50, Ual 37–44, Ol 13–17,5, G 6,5–17,5. Die seidigen langen Rückenhaare sind ein Charakteristikum der Art. Die Unterseite ist hell gelblichbraun mit deutlicher Farbgrenze an den Halsseiten. Viel kleiner als die mitteleuropäische artverwandte Breitflügelfledermaus. Manchmal kommen Verwechslungen mit der Zweifarb- oder der Alpenfledermaus vor.

Verbreitung: In der Paläarktis weit verbreitet von Skandinavien und Mitteleuropa nach Osten durch Russland südlich des 60°N bis NW-China, Kamtschatka, Sachalin und Japan. In Südeuropa nur lückenhaft.

Lebensweise: Die Nordfledermaus zeigt eine enge Bindung an mensch-

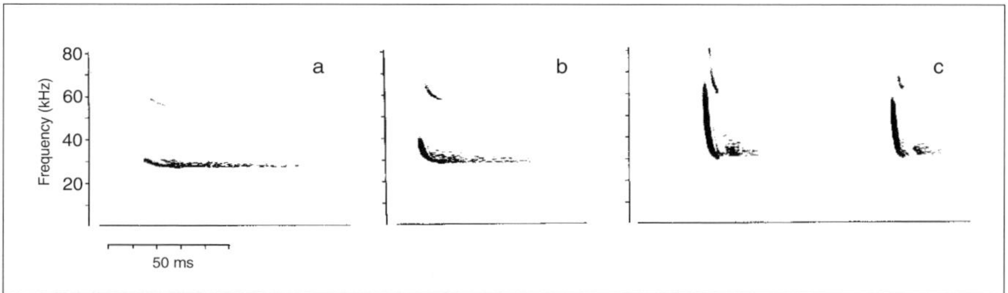

Echoortungsrufe der Nordfledermaus bei der Insektenjagd über Baumkronen (a), im offenen Bereich zwischen Bäumen (b) und in einem enger begrenzten Raum unterhalb des Blätterdachs (c); man beachte Abnahme der Lautlänge und Zunahme der Frequenzbreite. Nach R. Gerell und J. Rydell.

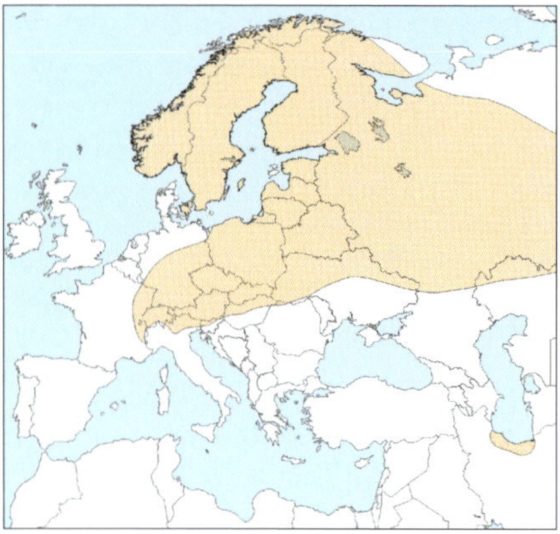

Das Ohr ist im Verhältnis zur verwandten Breitflügelfledermaus größer, umgeklappt erreicht es die Nasenspitze; die Spitze ist weniger schmal (s. S. 39), der Tragus ist an der Basis des Vorderrandes am breitesten.

liche Siedlungen. Ihre Wochenstuben befinden sich meist in Spalten an Gebäuden, häufig im Bereich von Fassaden- und Kaminverkleidungen sowie Dachfirsten. Lediglich einzelne Tiere beziehen ihr Quartier auch in Wäldern. Die Jagdgebiete befinden sich während der Wochenstubenzeit in der unmittelbaren Umgebung der Quartiere, können im Spätsommer aber auch 15 km und mehr entfernt liegen. Winterquartiere der Art befinden sich meist in trockenen unterirdischen Kellern und Stollen, in denen die Tiere frei hängen oder sich in Spalten verkriechen. Möglicherweise überwintert ein Großteil der Art aber auch in Spalten an Gebäuden, was die wenigen Winterschlafquartiere erklären würde.

Nordfledermäuse jagen in unterschiedlichen Wäldern und an Gewässern nach Fluginsekten. Hauptbestandteil der Nahrung sind Zuckmücken und größere Dipteren.

Nordfledermaus *Eptesicus nilssonii* Foto: T. Pröhl/fokus-natur.de

Im Frühjahr und Herbst konzentrieren sich ihre Jagdgebiete auf den Siedlungsbereich, um dort Kleinschmetterlinge an Straßenlaternen zu jagen. Jagdflug meist in mittlerer bis großer Höhe (4–10 (>50) m), häufig in Höhe der Baumkronen.

Wanderungen: Wanderungen zwischen Sommer- und Winterquartieren sind selten, die Art gilt überwiegend als ortstreu. Es sind äußerst wenige Überflüge zwischen Sommer- und Winterlebensraum von mehr als 100 km (bis 450 km) bekannt.

Anatolische Breitflügelfledermaus, Küstenfledermaus

Eptesicus anatolicus FELTEN, 1971
Anatolian Serotine (engl.), Serotine de Anatolie (frz.)

Ortungslaute: Fast frequenzkonstant mit einem Anfangs- und Endteil von 28 kHz und einer Länge von 14 ms.

Mittelgroße Art, den südeuropäischen Breitflügelfledermäusen sehr ähnlich. KRL 60–72, Sl 40–54, Ual 43,3–52,1, Ol 13–18, G 14–21.

Rückenfell glänzend gelblich braun, Bauchseite weißgrau. Färbungsgrenze zwischen Ober- und Unterseite unscharf. Gesicht, Ohren und Flughäute schwarz. Jungtiere dunkler, Fell grauer. Gegenüber *E. serotinus* ist der Tragus schlanker, der Penis mehr kolbenförmig geformt.

Verbreitung: Türkei entlang der Mittelmeerküste, Syrien, Iran, Irak, Rhodos, evtl. Samos, Zypern.

Lebensweise: Die Tiere kommen entlang der Mittelmeerküste in Karstgebieten mit Buschland vor. Ihre Quartiere beziehen sie in Felsspalten, unter Brücken und in Gebäuden (v. a. in Ruinen). Im Mai und Juni gebären die Weibchen in den nur wenige Tiere umfassenden Wochenstuben 1–2 Junge, die ab Ende Juli selbständig sind. Gejagt wird im freien Luftraum entlang von Felsen und der Vegetation nach fliegenden Insekten. Ansonsten ist zur Lebensweise der Art bisher wenig bekannt.

Isabell-Breitflügelfledermaus, Isabellfledermaus

Eptesicus isabellinus (TEMMINCK, 1840)
Isabelline Serotine (engl.), Serotine isabelle (frz.)

Mittelgroße Art, etwas kleiner als die europ. Breitflügelfledermaus. KRL 63–77, Sl 41–58, Ual 45–52, Ol 12–18, G 15,3–21,2.

Isabell-Breitflügelfledermaus *Eptesicus isabellinus* Foto: T. Pröhl/fokus-natur.de

Isabell- bis hellbraun-sandfarbenes Rückenfell und weißgraue, bis hellcremefarbene Bauchseite. Gesicht, Ohren und Flughäute dunkel graubraun, mit Fell kontrastierend. Die Schwanzspitze ragt 3–4 mm frei aus der Schwanzflughaut. Unterschiede zu *E. serotinus* im Gebiss und der Penis-Form, v. a. aber molekulargenetisch.

Verbreitung: Marokko, Algerien, Tunesien, Kanaren (Lanzarote) sowie im Südteil der Iberischen Halbinsel.

Lebensweise: In N-Afrika in der offenen Kulturlandschaft, in Wäldern und bis zum Rand der Sahara. Dort in Halbwüsten entlang von Gewässern und in Oasen mit dichter Vegetation. Als Quartiere werden Felsspalten, Höhlen, Ruinen, Gebäude und Baumhöhlen genutzt. Mitte Juni–Juli gebären die Weibchen meist 1–2 Junge. Der Jagdbeginn ist vor Einbruch der völligen Dämmerung.

Breitflügelfledermaus

Eptesicus serotinus (SCHREBER, 1774)
Serotine bat (engl.), Sérotine commune (frz.)

Ortungslaute: Frequenzmoduliert mit nahezu frequenzkonstantem Endteil 23–27 kHz. Hauptfrequenz meist bei 27–30 kHz; Länge bis 23 ms; Entlang von Waldrändern, über offenen Waldwegen. Nasse, gleichmäßige dampflokartige Laute (tjappe-tjappe-tjappe).

Das Ohr ist im Verhältnis zur kleineren Nordfledermaus kürzer und spitzer, der Tragus ist stumpf zugespitzt.

Große Art. KRL 64–80, SI 46–65,8, Ual 47–58, Ol 14–23, G 14–36,5 g.

Mäßig lange Ohren, die, wenn man sie nach vorne klappt, etwa 2/3 des Abstandes zwischen Auge und Schnauzenspitze abdecken. Stumpf zugespitzer Tragus, etwa von 1/3 der Ohrlänge. 1–2 Schwanzwirbel frei ohne Flughaut. Die Flügel der Breitflügelfledermaus sind nur im Vergleich zu Arten wie dem Abendsegler als breit einzustufen. Das Fell ist lang, weich und dicht, auf der Oberseite meist mittel- bis dunkelbraun und oft glänzend, auf der Unterseite heller gelbbraun oder graubraun ge-

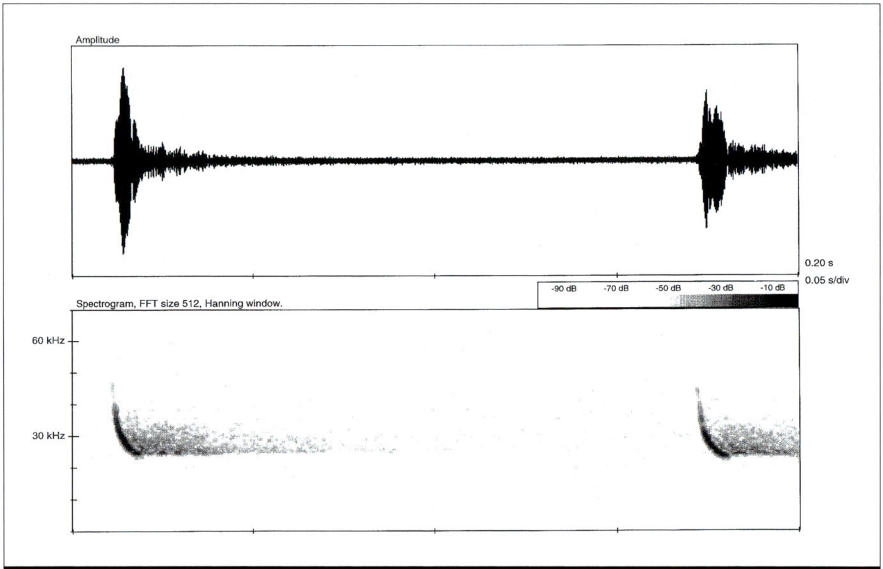

Im geraden Flug sendet die Breitflügelfledermaus in Intervallen von etwa 150 ms FM-Laute aus, die mit einem CF auf etwa 25 kHz enden. *I. Ahlén*

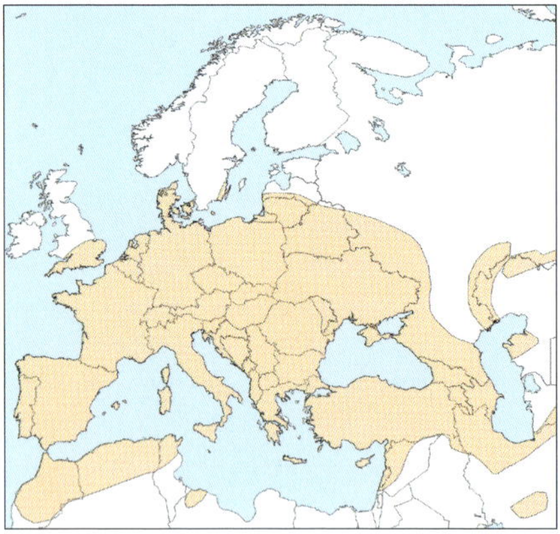

färbt. Zwischen Ober- und Unterseitenfärbung findet sich keine klare Trennlinie. Die nackten Gesichtsteile sind wie die Ohren und Flughäute sehr dunkelbraun oder schwärzlich gefärbt.

Verbreitung: Über ganz Süd- und Mitteleuropa einschließlich Süd-England, den Großteil von Dänemark und bis nach Südschweden.

Lebensweise: Die Breitflügelfledermaus ist eine typische Gebäude bewohnende Fledermausart. Sowohl die Wochenstuben als auch die einzeln lebenden Männchen suchen sich Spalten an und in Gebäuden als Quartier. Es werden versteckte und unzugängliche Mauerspalten, Holzverkleidungen, Dachüberstände und Zwischendächer genutzt. Bevorzugt beziehen die Tiere strukturierte Quartiere, in denen sie je nach Witterung in unterschiedliche Spalten mit dem passenden Mikroklima wechseln können. Quartiere in Baumhöhlen, Felsspalten oder Höhlen sind für die Breitflügelfledermaus nur aus Südeuropa bekannt. Die Art gilt als ortstreu. Weibchen suchen häufig jedes Jahr dieselbe Wochenstube auf, zu denen auch die jungen Weibchen oftmals zurückkehren. Die Wochenstuben umfassen 10–60 Weibchen, in Einzelfällen bis zu 300 Tiere. Männchen bilden Kolonien mit bis zu 20 Tieren.

Die Winterquartiere liegen häufig in der Nähe der Sommerlebensräume. Auch die Nutzung eines Quartiers über das ganze Jahr ist nicht selten. Wie im Sommer werden auch im Winter meist Spaltenquartiere bezogen. Deshalb findet man nur wenige winterschlafende Tiere. Der Wissensstand über das Winterschlafverhalten ist dementsprechend gering.

Die Jagdgebiete der Breitflügelfledermaus liegen meist im Offenland. Baumbestandene Viehweiden, Gärten, Parks, Hecken und Waldränder werden häufig genutzt. Im Siedlungsbereich jagt sie häufig um Straßenlaternen, an denen sich Insekten sammeln. Insgesamt setzt sich die Nahrung hauptsächlich aus großen Schmetterlingen, Käfern, Zweiflüglern und Maulwurfsgrillen zusammen, andere Insektengruppen werden nur in geringem Maße erbeutet. Gejagt wird in mittlerer Höhe (3–40 m (70–80 m) und über dem Boden.

Breitflügelfledermaus *Eptesicus serotinus* *Foto: A. Limbrunner*

Alpenfledermaus

Hypsugo savii (Bonaparte, 1837)
Savi's pipistrelle bat (engl.), Vespère de Savi (frz.)

Ortungslaute: 32–37 kHz; Länge 16 ms.

Klein, ähnlich Pipstrellus-Arten, aber auch wie eine „Kleinausgabe" von Eptesicus wirkend. KRL 38–53, Sl 29–44, Ual 31,5–37,5, Ol 10–16, G 4,5–10.

Oberseite dunkelbraun mit hellerem, gold- bis leicht ockerfarbenem Überflug. Unterseite gelblichweiß bis schmutzig gräulichbraun. Im Farbmuster der Nordfledermaus ähnlich. Jungtiere dunkler gefärbt. Flughäute, Ohrmuscheln und Nasenregion dunkelbraun bis schwarz. Damit viel dunkler als bei den Pipistrellus-Arten. Die Flügel sind zudem weniger spitz.

Verbreitung: Südliche Teile der Paläarktis, von den Kanaren, NW-Afrika, S-Mitteleuropa und dem Mittelmeergebiet durch Zentralasien bis zum Fernen Osten einschließlich N-Japan. In Europa auch Einzelfunde weit nördlich der eigentlichen Verbreitungsgrenze. Weil sie in den Alpen bis in 2.600 m Höhe, in Spanien am Pico Velata, Granada sogar bis auf 3.300 m Höhe vorkommt und damit den Höhenrekord der europäischen Fledermäuse hält, trägt die Alpenfledermaus ihren Namen zu Recht.

Lebensweise: Von der Küste bis ins Hochgebirge kommt die Art in mediterranen Lebensräumen, Karstgebieten und abwechslungsreichen Kulturlandschaften vor. Sie meidet geschlossene Waldgebiete, besiedelt aber in Griechenland lichte Kiefernwälder. Alpenfledermäuse benötigen offenbar Felsstrukturen und können als Spaltenbewohner auch entsprechende Mauerritzen an Gebäuden in Städten nutzen. Ihre Wochenstuben sind mit bis zu 15 Weibchen meist recht klein, können aber auch bis zu

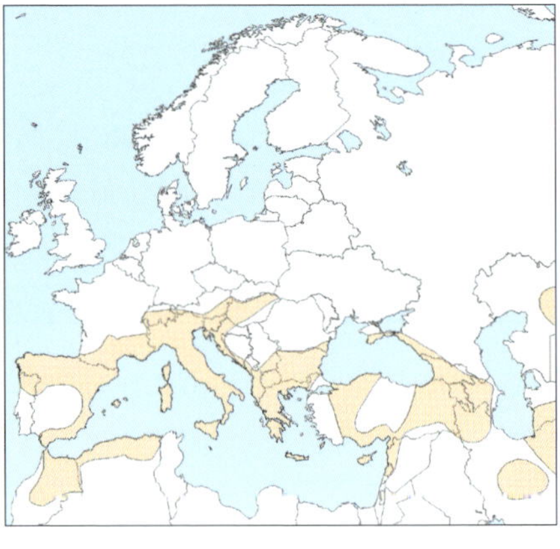

70 Tieren umfassen. Zwischen Anfang Juni bis Ende Juli gebären die Weibchen meist zwei Junge.

Zur Jagd nach fliegenden Insekten starten die Tiere schon vor Sonnenuntergang. Einzeln oder in Gruppen von bis zu fünf Tieren jagen sie entlang von Felswänden, über Baumkronen, um Straßenlampen oder auch bodennah über schütter bewachsenen Flächen. Kleininsekten, Nachtfalter, Zikaden, Wanzen, Blattläuse, Zweiflügler, auch schwärmende Ameisen, gehören zum Beutespektrum. Zum Trinken kommen die Tiere zahlreich an Bäche, Löschteiche und andere Wasserstellen.

Wanderungen: Offenbar werden keine weiten Wanderungen unternommen.

Alpenfledermaus *Hypsugo savii* *Foto: D. Nill*

Nymphenfledermaus *Myotis alcathoe* *Foto: D. Nill*

Nymphenfledermaus

Myotis alcathoe HELVERSEN & HELLER, 2001
Alcathoe whiskered bat (engl.), Murin d'Alcathoe (frz.)

Ortungslaute: Von ca. 100 kHz auf 43–46 kHz abfallend; Länge bis 4 ms.

Kleinste europäische Bartfledermaus und zugleich kleinste europäische Myotis-Art. KRL 39–44, Sl 36–37, Ol 14–14,3, Ual 30,2–34,6 (meist <33), Dl 3,6–5,0 (meist <5,0), Dkr 1–1,5, Hfl 5,1–7,0, G 3,8–4,6.

Mit ihrem rötlich braunen Rücken und dem etwas helleren Bauchfell erinnert sie an eine Wasserfledermaus im Miniformat. Jüngere Tiere sind mehr graubraun gefärbt. Im Vergleich zur Bartfledermaus hat sie kleine Hinterfüße und einen kurzen Daumen. Die Ohren sind kürzer und heller gefärbt als bei den anderen Bartfledermäusen. Der Tragus überragt kaum die scharfe Einbuchtung am Ohrhinterrand. Das Gesicht ist bräunlich pigmentiert.

Verbreitung: Ursprünglich 2001 mit Nachweisen aus Griechenland

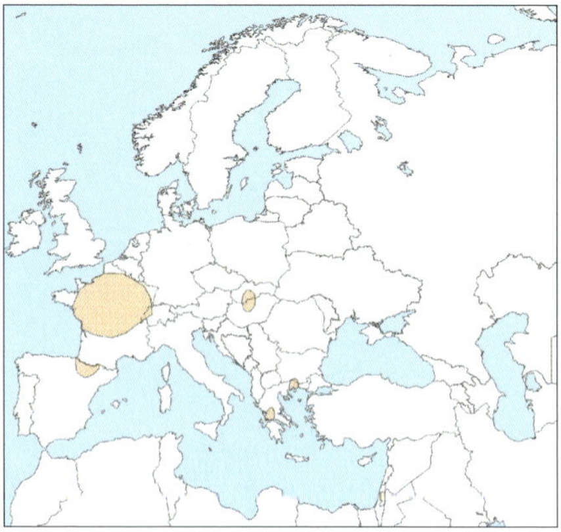

und Ungarn als neue Art beschrieben, liegen heute auch Nachweise aus Spanien, Frankreich, der Schweiz, Deutschland, Polen, der Slowakei, Bulgarien und Albanien vor.

Lebensweise: Lebensraum der Art sind dicht mit Laubbäumen bestandene Bachläufe und forstwirtschaftlich wenig beeinflusste Waldbereiche wie Schluchten und steile Berghänge. Die bisher noch wenigen bekannt gewordenen Quartiere fanden sich in Anrissen von Bäumen und hinter abstehender Rinde. Die Tiere jagen wohl bevorzugt in dichter Vegetation und über Gewässern vor allem nach Zweiflüglern. Kleine Junge fand man Mitte Juni in einer Wochenstube in Griechenland. Anfang August suchen die Tiere Höhlen als Schwärmquartiere auf. Dort finden wohl auch die Paarungen statt. Nymphenfledermäuse scheinen in Höhlen zu überwintern.

Wanderungen: Über weite Wanderungen ist nichts bekannt.

Steppen-Bartfledermaus

Myotis davidii (PETERS, 1869)
Steppe whiskered bat (engl.), Murin doré (frz.)

Ortungslaute: Von 105–112 kHz auf 37–43 kHz abfallend: Länge ca. 3 ms.

Ähnlich der kleinen Bartfledermaus. KRL 41–52, SI 34–46, Ual 32–38, Ol 12,4–16,0, Dl 4,7–5,5, Hfl 6,8–8,7, G 4,5–9,0. Braunes bis hellbraunes Rückenfell, Bauch graubraun oder grauweiß, Kehle heller, weißlich, deutlich gegen die Oberseite abgegrenzt. Gesicht, Ohren und Flughäute sind braun gefärbt, wobei Ohren und Tragus an ihrer Basis aufgehellt sind. Penis nicht kolbenförmig verdickt. Die sichere Abgrenzung der Art von der ähnlich gefärbten *M. mystacinus bulgaricus* ist nur genetisch möglich.

Verbreitung: Nur lückenhaft bekannt. Griechenland, Donauebene in Bulgarien, NO-Türkei, nach Westen im südlichen Teil und auf Kreta, im Iran, Kaukasus, in W-Kasachstan, Armenien, Aserbaidschan.

Lebensraum und Lebensweise: Die Steppen-Bartfledermaus ist Bewohnerin von trockenen Regionen und

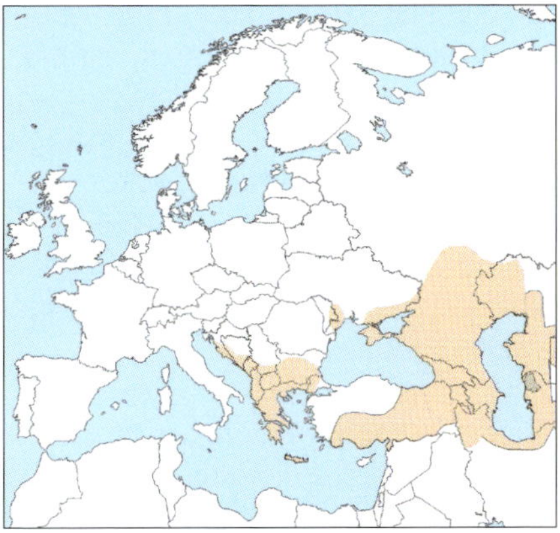

Steppen-Bartfledermaus *Myotis davidii* *Foto: S. Gazaryan*

Steppengebieten. Ihre kleinen Wochenstuben umfassen einige Dutzend Weibchen. Als Quartiere werden Spalten aller Art aufgesucht, so auch Fertigungsfugen an Brücken. Wenn die Tiere zum Jagen Gewässer aufsuchen, nehmen sie Insekten auch von der Wasseroberfläche auf.

Bechsteinfledermaus

Myotis bechsteinii (KUHL, 1817)
Bechstein's bat (engl.), Murin de Bechstein (frz.)

Ortungslaute: Von ca. 100 kHz auf ca. 34 kHz abfallend. Keine deutliche Hauptfrequenz, gut zu empfangen bei 45–50 kHz; Länge 2,5–5 ms, dicht entlang der Waldvegetation; Trockene, schnelle (ticke) Rufe.

Kleine bis mittelgroße Myotis-Art. KRL 45–56, Sl 34–45, Ual 39,0–47,1, Ol 23–28,5, G 6–13,6.

Sehr große Ohren, die vorn an der Basis nicht zusammengewachsen sind. Nach vorn gelegt ragen sie 8–10 mm über die lange Schnauze hinaus. Im Winter falten Bechsteinfledermäuse ihre Ohren nicht wie die Plecotus-Arten nach hinten, sondern halten sie in normaler Stellung. Äußerer Ohrrand mit neun z. T. unauffälligen Querfalten; langer schlanker Tragus von fast halber Ohrlänge. Die Flügel sind verhältnismäßig breit und kurz und ermöglichen einen sehr langsamen, manövrierfähigen Flug. Daumen lang. Das lange Fell ist oberseits fahl bis rötlichbraun, unterseits hellgrau. Ohren und Flughäute fast haar-

Bechsteinfledermaus *Myotis bechsteinii* Foto: W. Willner

los. Die Gesichtshaut ist rotbraun, Ohren, Arm- und Schwanzflughaut sind graubraun.

Verbreitung: Innerhalb der gemäßigten Buchenwald-Zone in ganz West-, Mittel- und Osteuropa. Die Verbreitungsgrenze im Norden verläuft von Südengland, die Südspitze Schwedens über Zentralpolen nach Südosten durch die Ukraine bis ans Schwarze Meer. Lokal kommt die Art außerhalb Europas in Anatolien, dem Nord-Iran und im Kaukasus vor.

Lebensweise: Die Bechsteinfledermaus ist eine typische Waldfledermaus. Sowohl ihre Wochenstuben, als auch die Jagdgebiete befinden sich innerhalb geschlossener Waldgebiete, die kaum verlassen werden. Als Quartier werden meist Baumhöhlen genutzt, auch in Fledermauskästen wird die Art regelmäßig angetroffen.

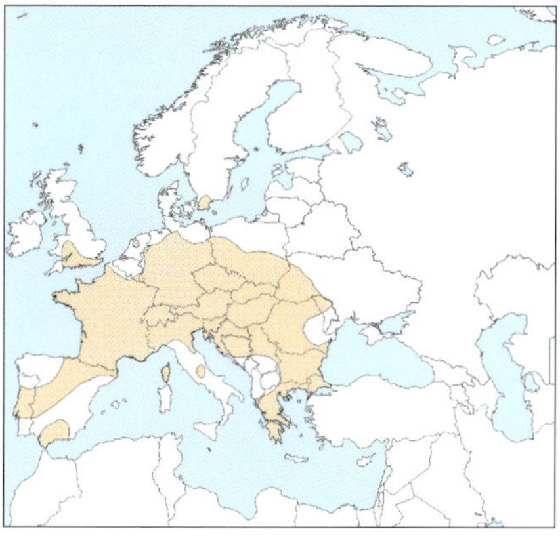

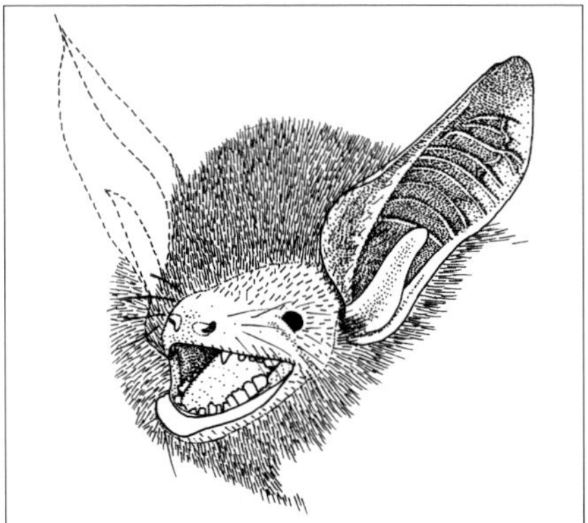

Abgesehen von den Langohren, hat die Bechsteinfledermaus relativ gesehen die größten Ohren aller europäischen Fledermausarten.

Ein ständiger Wechsel zwischen verschiedenen Quartieren, auch zur Wochenstubenzeit, ist typisch für sie, andererseits aber auch eine hohe Treue zu einer bestimmten Region. Aufgrund der Nachweis-Schwierigkeiten werden Wochenstuben der Bechsteinfledermaus nur selten entdeckt. Das Wissen über sie ist noch spärlich. Die Kolonien sind meist klein (< 30 Tiere), bisweilen umfassen sie bis zu 80 adulte Weibchen. Bechsteinfledermäuse überwintern in Stollen und Höhlen, allerdings in nur geringer Zahl. Die Ohren sind im Gegensatz zu den Langohren auch im Winterschlaf gerade gestreckt.

Die meisten Jagdgebiete liegen in der näheren Umgebung der Quartiere (< 2 km). Bevorzugt werden dabei alte, naturnahe und artenreiche Wälder. Wechsel zwischen einzelnen kleinen Waldstücken kommen vor, wobei sich beim Überflug oft an Gehölzstrukturen orientiert wird. Ihre Nahrung setzt sich vornehmlich aus Käfern, Schmetterlingen, Zweiflüglern und Spinnen zusammen, die sie direkt vom Substrat (Boden, Vegetation) absammelt oder im Flug fängt. Ebenso wie die Langohren sind Bechsteinfledermäuse geschickte Flieger, die auf engem Raum manövrieren können. Jagdflug meist in sehr geringer Höhe (1–5 m).

Wanderungen: Die Art gilt als sehr ortstreu. Winterquartiere liegen nicht weit von den Quartieren des Sommerlebensraums entfernt. Die weiteste bekannte Wanderung ins Winterquartier beträgt 73 km, meist sucht sich die Bechsteinfledermaus jedoch Höhlen, Keller oder Stollen in weniger als 20 km Entfernung.

Europäisches Kleines Mausohr

Myotis blythii (Tomes, 1857) oder *Myotis oxygnathus* (Monticelli, 1885)
Monticelli's Myotis (engl.), Petit Murin meri'dional (frz.)

Ortungslaute: Sehr ähnlich *M. myotis*.

Fast Mausohr-Größe. KRL 52–76, SI 54–66, Ual 50,5–63, Ol 19,5–26 (meist < 24,5), Ohrbreite <16, G 17,5–32,0.

Gelblich bis rötlich graubraunes Rückenfell und weißgrauer Bauch. Ober- und Unterseite deutlich kontrastiert. Der als Bestimmungsmerkmal genannte weiße Stirnfleck ist nicht bei allen Exemplaren vorhanden. Die gegenüber dem Großen Mausohr schmaleren und kürzeren Ohren besitzen 5–6 Querfalten. Der durchgehend helle Tragus ist schmal und lanzettförmig. *M. oxygnathus* galt bisher als europäische Unterart von *M. blythii* und wird neuerdings als eigene Art eingestuft.

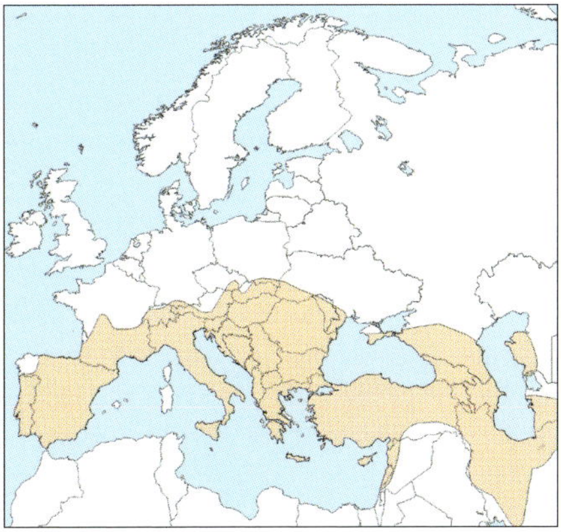

Verbreitung: Europäische Mittelmeerregion, W-Anatolien und Krim. Die Art besiedelt Steppenbiotope vom Tiefland bis in niedrige Gebirgslagen. Nach Norden kommt sie bis in Zentralfrankreich, die Schweiz (bis dicht an die deutsche Grenze), Tschechien, Slowakei und die Ukraine vor.

Lebensweise: Wärmebegünstigtes Offenland mit extensiv genutzten Mähwiesen, Feuchtwiesen, Weiden, Karst- und Steppenflächen sind ihr Lebensraum. Geschlossene Waldgebiete, in denen das Mausohr dominiert, werden dagegen gemieden. Sommerquartiere und Wochenstuben finden sich in ihrem nördlichen Verbreitungsgebiet in Dachräumen, im Süden fast ausschließlich in Höhlen. Große Wochenstuben können bis zu 8.000 Weibchen umfassen und sind z. T. vergesellschaftet

Europäisches Kleines Mausohr *Myotis oxygnathus* *Foto: D. Nill*

mit Großen Mausohren, Rhinolophus-Arten und anderen Höhlen bewohnenden Fledermäusen. Die Geburten finden ab Ende Mai bis in den Juni statt. Ab August besuchen die Weibchen die Paarungsquartiere der Männchen. Das sind kleine Löcher in Höhlendecken oder auch Brückenspalten. Die Männchen verteidigen in dieser Zeit ihre Paarungsplätze heftig gegen Konkurrenten. Ihre Weibchen locken sie durch laute Balzrufe an. Kleine Mausohren jagen bodennah und sehr wendig, z. T. in Sturzflügen, nach Laubheuschrecken, Maikäfern, Schnaken, Laufkäfern, Gottesanbeterinnen und Schmetterlingsraupen. Die Jagdgebiete liegen bis zu 7 km, gelegentlich bis zu 25 km vom Quartier entfernt.

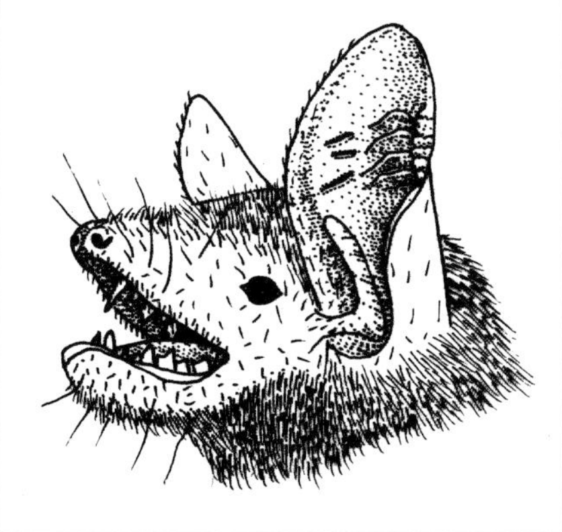

Die Ohren sind gegenüber denen des Großen Mausohrs schmäler und laufen spitzer zu.

Wanderungen: Ortstreue Art, deren Sommer- und Winterquartiere meist nur bis zu 15 km auseinander liegen. Wenige Überflüge von 100 bis 150 km sind bekannt. Die weiteste Wanderung eines Kleinen Mausohrs betrug 488 km.

Große Bartfledermaus, Brandtfledermaus

Myotis brandtii (EVERSMANN, 1845)
Brandt's bat (engl.), Murin de Brandt (frz.)

Ortungslaute: Von knapp 100 kHz auf 26 kHz abfallend, keine deutliche Hauptfrequenz, gut zu empfangen bei 45–50 kHz; Länge 4–7 ms; Entlang von Waldwegen; Trockener, sehr regelmäßiger Rhythmus (dig-dig-dig), der an das Ticken einer Uhr erinnert.

Kleine Myotis-Art. KRL 39–55, Sl 32–44, Ual 33–38,2 (meist > 33), Ol 13–15,5, Dl meist > 4,7, Hfl meist > 6,0, G 4,3–10.

Relativ langhaariges und dichtes Fell, das bei ausgewachsenen Exemplaren sehr unterschiedlich gefärbt ist. Im allgemeinen sind die Haare oberseits braun mit hell(gelblich)en Spitzen, die golden schimmern können (ähnlich *M. aureus*). Auch dunklere und hellere Exemplare kommen vor. Die Bauchseite ist ähnlich, aber grauer getönt. Schnauze, Ohren und Flughäute sind mittel- bis hellbraun. Jungtiere oberseits dunkel schwarzgrau

Große Bartfledermaus *Myotis brandtii* Foto: W. Willner

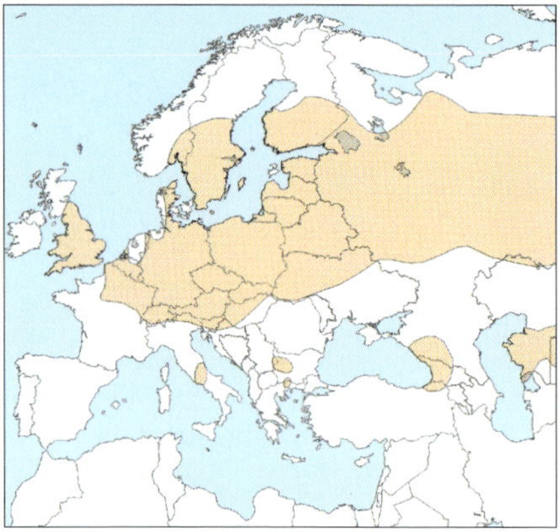

bis gelbbraun gefärbt. Schnauze und Ohren schwarzbraun; damit der Kleinen Bartfledermaus ähnelnd. Lange Flügel, aber nicht so schmal wie die der Kleinen Bartfledermaus. Der Penis ist anders als bei der Kleinen Bartfledermaus am Ende keulenförmig verdickt (s. S. 65).

Verbreitung: Vor allem in Mittel- und Osteuropa, in Skandinavien und Russland bis 65°N. In weiten Teilen Westeuropas fehlen Nachweise. Vorkommen in Süd- und Südosteuropa nur ungenügend bekannt.

Lebensweise: Im Sommer bezieht die Art ihr Quartier in Spalten an Gebäuden und Bäumen, z. B. hinter abstehender Rinde, in Stammspalten und Fledermausflachkästen. An Gebäuden werden spaltenförmige Unterschlüpfe hinter Schieferfassaden, Klappläden u. Ä. aufgesucht. Als Winterquartiere sind Höhlen, Stollen und Keller beschrieben, wo sie teilweise frei hängen oder sich in Spalten verkriechen. Zwischen Sommer- und Winterquartier liegen bis zu 250 km, im Extremfall auch bis zu 800 km.

Das Beutespektrum umfasst eine Reihe kleiner, weichhäutiger Insekten, wie Kleinschmetterlinge, Tipuliden, Zuckmücken und Spinnen. Bevorzugte Jagdhabitate der Großen Bartfledermaus, sofern sie bislang untersucht wurden, liegen in Laubwäldern, an Gewässern oder entlang von linearen Strukturen, wie Hecken, Waldränder und Gräben. Ein Tier kann mehrere Jagdgebiete in einer Nacht aufsuchen, wobei zwischen Quartier und Jagdgebiet zum Teil Distanzen von über 10 km zurückgelegt werden. Jagdflug meist in geringer bis mittlerer Höhe (1–15 m), selten im Kronenbereich.

Wanderungen: Die Art gilt insgesamt als ortstreu mit saisonalen Wanderungen zwischen Sommer- und Winterlebensraum von meist <40 km. Andererseits sind für Große Bartfledermäuse auch längere Überflüge zwischen Sommer- und Winterlebensraum bekannt, darunter 300 km weite Wanderungen in Ostdeutschland und 600 km weite Wanderungen in Osteuropa.

Langfußfledermaus

Myotis capaccinii (Bonaparte, 1837)
Long-fingered bat (engl.), Murin de Capaccini (frz.)

In der Größe zwischen Wasser- und Teichfledermaus. KRL 45–58, Sl 35–45, Ual 38–44, Ol 14–17, Hfl 11,4–13,4 (x 12,2), G 7–13.

Einzige europäische Fledermaus, deren Armflughaut nicht am Fuß, sondern 2 mm oberhalb am Unterschenkel ansetzt. Sehr großer Hinterfuß, auch absolut länger als bei den anderen großfüßigen Myotis-Arten Wasser- und Teichfledermaus. Dichtes, flaumig-seidiges Fell mit weiter Ausdehnung der Körperbehaarung auf die Flughäute. Die Füße sind borstig behaart. Das Rückenfell ist auffällig (silber)grau mit dunklen Haarbasen. Jungtiere mit zunächst hell rauchgrauem, dann gelblich bis bräunlich getönten Fell. Die hellgraue Unterseite ist bis auf die Halsseiten unscharf von der Oberseite abgegrenzt. Dunkelgraue bis schwärzliche Schnauze. Nasenlöcher springen mehr als bei anderen europäischen Arten vor. Ohren und Flughäute graubraun.

Verbreitung: Langfußfledermäuse kommen im Mittelmeerraum entlang der Küste von NW-Afrika, auf der Balkanhalbinsel, in der Osttürkei, Syrien und dem Libanon sowie im Iran, Irak und in Usbekistan vor.

Langfußfledermaus *Myotis capaccinii* Foto: D. Nill

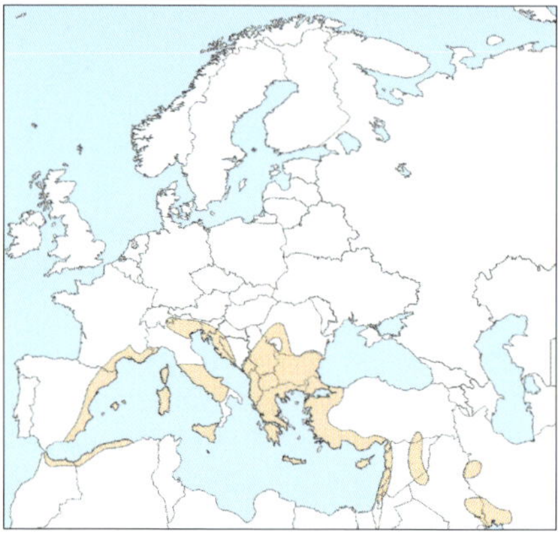

Lebensweise: Die an Höhlen und Wasser gebundene Art bevorzugt mediterrane und milde kontinentale Lebensräume in Karstgebieten und im Einzugsgebiet großer Flüsse und Auwälder. Ganzjährig beziehen die Tiere Quartiere in Höhlen und Stollen, seltener in Gebäuden. Einzeltiere nutzen eine Vielzahl von Spaltenquartieren (z. B. an Brücken, Gebäuden, Felsen). Langfußfledermäuse bilden Kolonien von 30–500 Individuen, oft gemeinsam mit anderen Höhlenfledermäusen (Langflügelfledermäuse). Der Männchen-Anteil kann bis zu 1/3 der Koloniestärke ausmachen. In einigen, wenigen Höhlen mit optimalen Nahrungshabitaten im Umfeld können bis zu 10.000 Tiere eine Kolonie bilden. Winterkolonien umfassen bis zu 50.000 Individuen. Ab Anfang Mai finden die Geburten statt. Schon im Juni fliegen die ersten Jungtiere zum Jagen aus. Die Jagdweise dieser Art erinnert an die der Wasserfledermaus, wobei recht häufig Beutetiere (Rückenschwimmer, kleine Fische) mit den großen Füßen aus dem Wasser gezogen werden. Abseits der Gewässer werden Beutetiere in Wäldern und Gebüsch im Flug gefangen. Die Jagdreviere liegen im Mittel in einem Umkreis von gut 10 km um die Quartiere.

Langfußfledermaus *Myotis capaccinii* *Foto: T. Pröhl/fokus-natur.de*

Wanderungen: Als Kurz- und Mittelstreckenwanderer legen Langfußfledermäuse 100–150 km zwischen den Sommer- und Winterquartieren zurück.

Teichfledermaus

Myotis dasycneme (Boie, 1825)
Pond bat (engl.), Murin des marais (frz.)

Ortungslaute: Von 65–85 kHz auf 25–35 kHz, meist unter 30 kHz abfallend; Länge 4–8 ms.

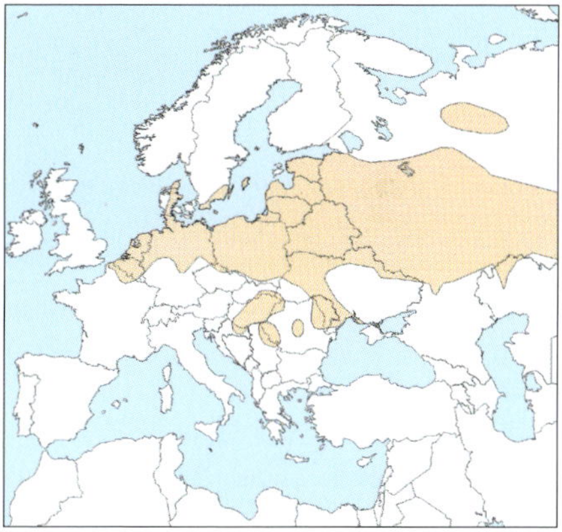

Größer als Wasserfledermaus, ihr aber ansonsten ähnlich. KRL 57–68, SI 45–53, Ual 43–49,2, Ol 16–19, G 13–25. Ohraußenrand ohne deutliche Einbuchtung. Tragus deutlich kürzer als halbe Ohrlänge, relativ kürzer als bei allen anderen europäischen Myotis-Arten. Er verschmälert sich nur gering nach oben und ist leicht einwärts gebogen. Langes, dichtes Fell, dessen Oberseite bräunlich oder graubraun gefärbt ist und seidig glänzt. Die scharf von der Oberseite abgesetzte Fellunterseite ist weißgrau bis gelblichgrau. Die kurze Schnauze ist wie die Wangen rotbraun. Ohren und Flughäute graubraun. Jungtiere insgesamt dunkler gefärbt.

Verbreitung: In Mitteleuropa Südgrenze durch N-Frankreich, Rheinland-Pfalz, Hessen, Thüringen, Sachsen, bis Sibirien und Kasachstan.

Lebensweise: In Deutschland sind Wochenstubenquartiere bislang nur an Gebäuden bekannt. Als Hangplätze wurden dabei sowohl Firstbalken als auch Spalten an und in Gebäuden genutzt. Paarungsquartiere dagegen finden sich vor allem in der Nähe von Gewässern. Als Winterquartier nutzt die Teichfledermaus frostfreie Höhlen. Als Jagdgebiete dienen häufig größere stehende oder nur langsam fließende Gewässer, aber auch über Wiesen und Schilfgürteln jagende Tiere sind zu beobachten. Das Nahrungsspektrum umfasst vorwiegend Zuckmücken und Köcherfliegen, zu kleineren Teilen auch Schmetterlinge und Käfer. Teichfledermäuse sammeln Beute auch von der Wasseroberfläche ab (auch Fische). Jagdflug meist in geringer Höhe über Gewässern (10–60 cm),

Teichfledermaus *Myotis dasycneme* *Foto: D. Nill*

aber auch höher über Schilf, Offenland und in Parks.

Wanderungen: Die Art wird als Mittelstreckenwanderer bezeichnet. Zwischen Sommer- und Winterquartier legen Teichfledermäuse Entfernungen von bis zu 300 km zurück. Populationen der Tiefländer überwintern in angrenzenden Mittelgebirgsregionen. Sind im Sommerlebensraum Winterquartiere vorhanden, sind die Populationen teilweise ortstreu.

Wasserfledermaus

Myotis daubentonii (KUHL, 1817)
Daubenton's bat (engl.), Murin de Daubenton (frz.)

Ortungslaute: Von 55–95 kHz auf 40–25 kHz abfallend, meist um 30 kHz endend; Länge 3–7 ms, Hauptfrequenz bei etwa 45 kHz; Tief über der Wasseroberfläche; Trockener, stakkatoartiger Zweitaktrhythmus (tiketetikete-tikete-tikete).

Kleine bis mittelgroße Art. KRL 45–55, Sl 31–44,5, Ual 33,1–42, Ol 10,5–14,2, G 7–17.

Auffallend große, mit Borsten besetzte Füße, die länger als die Hälfte des Unterschenkels sind. Breiter Gesichts- und seitlich ausladender Hirnschädel. Das kurze Ohr reicht nach vorne geklappt etwa bis zur Schnauzenspitze. Das dichte Fell ist kurzhaarig mit dunkel graubrauner Haarbasis; Felloberseite hellrotbraun bis dunkelgraubraun, mit z. T. glänzenden bronzefarbenen Spitzen. Alle Haare sind zweifarbig mit dunkler Basis. Helle, stumpf weißgraue Bauchseite, z. T. bräunlich, mit meistens scharfer Grenze zur Oberseite. Fleischfarbenes bis rötlichbraunes Gesicht. Ohren und Flughäute dunkelbraun. Die Jungtiere sind dunkler und mehr grau gefärbt. Flügel relativ breit und dünnhäutig; Schwanzflughaut mit Sporn, aber ohne Hautlappen.

Verbreitung: Fast ganz Europa bis 63°N, im Mittelmeerraum lückenhaft. In Asien bis China, Vietnam und Japan. In Nordafrika fehlend.

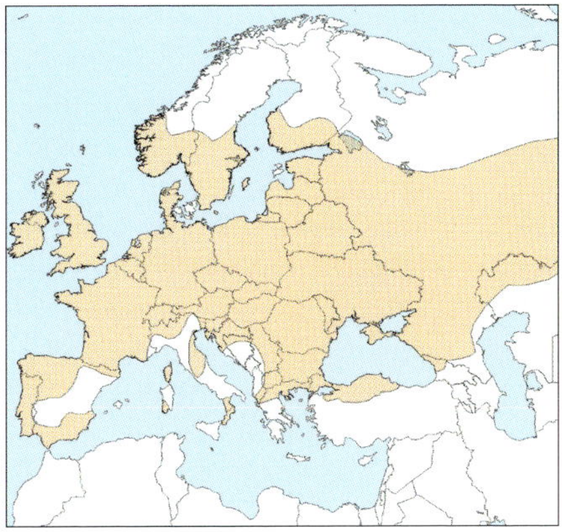

Lebensweise: Wasserfledermäuse beziehen ihre Wochenstuben überwiegend in Baumhöhlen, vereinzelt kommen Gebäudequartiere vor, die sich in Mauerspalten, Brücken und Durchlässen oder auf Dachböden befinden können. Wochenstubenkolo-

Wasserfledermaus *Myotis daubentonii* Foto: A. Limbrunner

nien nutzen im Wald mehrere Quartiere zwischen denen regelmäßig gewechselt wird. Die Jagdgebiete liegen in einem Umkreis von bis zu 8 km um das Quartier und werden meist entlang von festen Flugstraßen in Form vertikaler Strukturen angeflogen. Für Reproduktionsvorkommen ist die Gewässerfläche eine entscheidende Größe. Beobachtungen von Fledermausforschern im Gießener Lahntal und in anderen Landschaften deuten an, dass es Gebiete mit einem deutlichen Überhang an reproduzierenden Weibchen als auch Schwerpunktvorkommen von adulten Männchen gibt. Wasserfledermäuse jagen fast ausschließlich an stehenden und langsam fließenden Gewässern, wo sie in dichtem Flug über der Wasseroberfläche kreisen. Beutetiere können direkt von der Wasseroberfläche abgefangen werden, wobei die Schwanzflughaut als Käscher eingesetzt wird. Gefangen werden weit überwiegend schwärmende und weichhäutige Insekten wie z. B. Zuckmücken und Köcherfliegen, aber auch kleine Fische. Jagdflug meist in geringer Höhe über dem Wasser (5–20 cm), selten höher (5 m).

Wanderungen: Zwischen Sommer- und Winterquartier legen Wasserfledermäuse meist Entfernungen geringer als 150 km zurück. In Deutschland sind verschiedene Massenwinterquartiere bekannt, in denen mehrere Tausend Individuen überwintern. Populationen der Tiefländer legen weitere Strecken zwischen den Teillebensräumen zurück als Populationen der Bergregionen. Die weitesten bekannten Wanderungen ins Winterquartier betragen 250–300 km.

Wimperfledermaus

Myotis emarginatus (Geoffroy, 1806)
Geoffroy's bat (engl.), Murin à oreilles échancrées (frz.)

Ortungslaute: Oft über 140 kHz beginnend, abfallend und meist bei ca. 38 kHz, manchmal bei 48 kHz, selten bei 30 kHz endend.

Mittelgroße Myotis-Art. KRL 41–53, SI 38–47, Ual 36,0–44,7, Ol 14–17, G 4,5–15.

Ohr im Vergleich mit anderen Arten der Gattung nicht besonders lang. Hinterrand der Ohrmuschel, die etwa sieben Querfalten aufweist, in knapp oberhalb der halben Höhe tief und fast rechtwinklig eingeschnitten. Schmal zugespitzter Tragus, der mehr als die halbe Ohrhöhe erreicht. Schnauze gerade, mit seitlich stehenden Nasenöffnungen und einer sehr ausgedehnten, eng gebogenen und angeschwollenen Drüsenregion. Recht kurzes, wolliges Fell mit leicht gekräuselten Haaren, die einzigartig für europäische Myotis-Arten sind. Lederfarbene Fellfärbung, überdeckt

Wimperfledermaus *Myotis emarginatus* *Foto: A. Limbrunner*

durch braune Haarspitzen. Unterseite heller und ziemlich einfarbig orange mit lederbraunem Überflug. Ohrmuschel, Schnauze und Wangen düster, schwärzlich und halb durchscheinend. Schwärzliche Flughaut.

Verbreitung: Vom gesamten Mittelmeerraum inkl. vieler Inseln bis Belgien, südliche Niederlande und Polen. In Deutschland nur in wärmebegünstigten Bereichen (Rheintal, Rosenheimer Becken). Auf ges. Balkanhalbinsel bis Rumänien, Teile der Ukraine (Krim), Kaukasus, Kirgistan, Usbekistan bis Afghanistan.

Lebensweise: Bewohnt wärmere, locker bewaldete, parkartige Gebiete. Bezieht im Norden des Verbreitungsgebietes im Sommer Gebäudequartiere (Dachstühle, Viehställe), die relativ hell und kühl sind. Im Süden kommen die meisten Wochenstuben in Höhlen vor. Im Quartier ist die Art häufig mit anderen Arten verge-

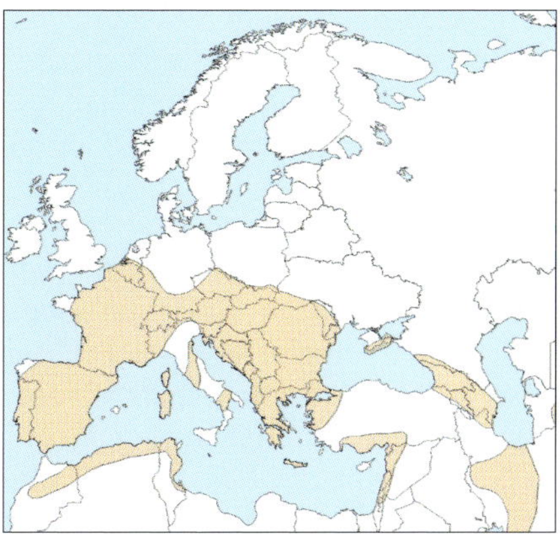

sellschaftet (bei uns z. B. mit Kleinen/Großen Hufeisennasen, Großen Mausohren). Die Wochenstubenquartiere werden lang genutzt und umfassen 20–500 Weibchen sowie einige Männchen. Größer anwachsende Wochenstubengesellschaften teilen sich rasch wieder auf. Im Quartier hängen die Tiere wie ein Bienenschwarm clusterartig übereinander und fliegen oft schon bei geringen Störungen rasch auf. Die Geburten erfolgen Mitte Juni bis Mitte Juli. Im August/September schwärmen Wimperfledermäuse an Höhlen, wobei die Männchen zahlenmäßig überwiegen. Die Tiere hängen zum Winterschlaf im Inneren von Höhlen mit konstanten Temperaturen meist frei an Decken und Wänden. Der Winterschlaf dauert ungewöhnlich lang bis Mitte April, teilweise sogar bis Mitte Mai.

Etwa 15 min nach Sonnenuntergang fliegen Wimperfledermäuse zum Jagen aus ihrem Quartier, um in sehr wenigem Flug oder rüttelnd Insekten und Spinnen vom Substrat (Blätter, Wände) abzulesen. In Viehställen sammeln sie in auffälligen Pendelflügen Fliegen unter der Decke ab („surface-gleaning"). Offenes Gelände wird von den Tieren gemieden, die bei ihren Flügen meist Gehölzstrukturen und Bachläufen folgen. Die Jagdgebiete können sich in bis zu 12,5 km Entfernung vom Quartier befinden und eine Größe von 50–70 ha haben.

Wanderungen: Weitgehend ortstreue Art, die zwischen Sommer- und Winterquartier meist nur Distanzen von unter 40 km überbrückt. Die längste Wanderstrecke betrug 105 km.

Iberische Fransenfledermaus

Myotis escalerai (Cabrera, 1904)
Iberian fringed bat (engl.), Murin d'Escalera (frz.)

Mittelgroße Art, sehr ähnlich Fransenfledermaus; morphologisch und genetisch von ihr unterscheidbar. KRL 42–50, Sl 38–47, Ual 35–43, Ol 14–18. FS 245–300, G 5–9,5.

Lockeres, graubraunes Fell mit hellerer Unterseite. Fleischfarbenes Gesicht mit langen Haaren auf der Oberlippe, einen Schnurrbart bildend. Der lange, gelblich bis grau gefärbte Tragus erreicht die halbe Länge des bräunlichen bis grauen Ohres. Der S-förmige Sporn, der die Mitte der Schwanzflughaut erreicht, ist ein wichtiges Arterkennungsmerkmal.

Verbreitung: In Spanien und Portugal wohl weit verbreitet, mit Vorkommen auf Mallorca, Menorca und Ibiza sowie einem Nachweis aus Frankreich (Höhle in Valmanya, Department Pyrénées-Orientales).

Lebensweise: Die Art bildet in Höhlen oft große Kolonien, wobei die

Weibchen im Frühling (April/Mai) sich zu Wochenstubengesellschaften von 50 bis mehreren Hundert (bis 880) Tieren zusammenschließen, um im Juni/Juli gemeinsam ihr Junges zu gebären und aufzuziehen. Die Jungtiere sind nach etwa sechs Wochen selbständig. Die Wochenstubenkolonien können sich auch in Stollen, Brücken, Baumhöhlen und Gebäuden finden. In dieser Zeit leben die meisten Männchen solitär oder bilden ebenfalls Kolonien. Die Flügelgröße und -form ermöglicht der Art sowohl langsame wie sehr präzise Flugmanöver. Den Winterschlaf verbringen die Tiere kolonieweise in Höhlen und anderen unterirdischen Räumen bei konstanten Temperaturen von 0–5° C.

Wanderungen: Die ortstreue Art wechselt zwar zwischen den Sommer- und Winterquartieren, unternimmt aber keine weiten Wanderungen.

Großes Mausohr

Myotis myotis (Borkhausen, 1797)
Greater mouse-eared bat (engl.), Grand murin (frz.)

Ortungslaute: Von 70–120 kHz bis 26–29 kHz abfallend. Hauptfrequenz bei etwa 35 kHz; Länge bis 10 ms, meist kürzer; Bodenjagd in offenen Buchenbeständen oder auf sandigen Waldwegen; Meist trockene, hart klingende, recht gleichmäßige Laute (tek-tek-tek-tek).

Größte europäische Myotis-Art und zugleich eine der größten europäischen Fledermäuse. Kr 67–84 mm, Schw 45–60 mm, Ual 55–67 mm, Ohr 24,5–28,0 mm, Spannweite 350–430 mm, Gew 28–40, Cbl 21,5–24 mm.

Schnauze kurz, breit und kräftig; lange und breite Ohren, Außenrand mit 7–8 Falten, Ohrvorderrand deutlich nach hinten gebogen, breite Ohrspitze, Tragus mit breiter Basis und von fast halber Ohrlänge. Haarbasis schwarzbraun; breite Flügel, deren

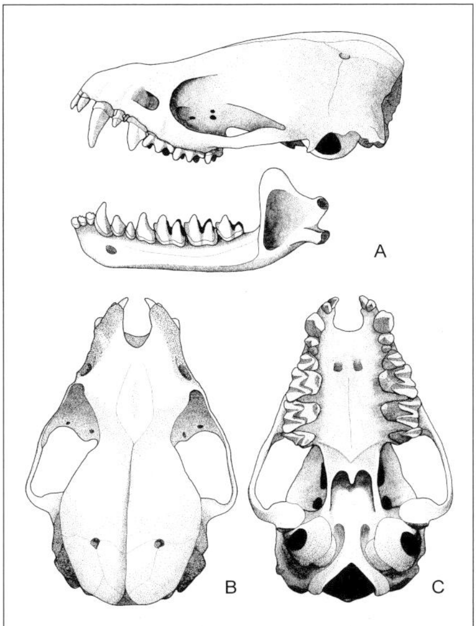

Der Mausohrschädel wirkt langgestreckt und ist größer als der aller anderen Arten der Gattung; Zahnformel 2133/3133 = 38.

Form einen ziemlich raschen Flug mit einer relativ hohen Manövrierfähigkeit ermöglichen. Armflughaut setzt an der Zehenwurzel an, der Sporn erreicht etwa die halbe Schwanzflughautlänge und trägt außen einen schmalen Hautsaum (Epiblema). Das nach vorn umgelegte Ohr überragt die Schnauzenspitze um 5 mm und ist somit relativ länger als beim Kleinen Mausohr.

Färbung: Oberseite hell graubraun, z. T. mit rostbrauner Tönung, Kopfoberseite und Nacken gewöhnlich etwas heller als der Rücken, ebenso die Jungtiere. Die braune Oberseite steht in starkem Kontrast zu der gräulich-weißen Unterseite, die gelegentlich etwas beige getönt sein kann. Eine deutliche Farbgrenze verläuft von der Ohrbasis bis zur Schulter. In Schulternähe betont eine leichte diffuse Schwärzung diese Farbgrenze noch stärker. Schnauze und Wangen sind dunkel, Ohren und Flughäute mittelbraun bis braungrau gefärbt. Das Große Mausohr hat im Bereich der Schnauzentasthaare auf jeder Schnauzenseite einen „Haarpinsel“, in den eine extrem vergrößerte Talgdrüse, welche die Schnauzenhaut bis zum Auge hin ausfüllt, und eine kleinere Drüse einmünden. Die fettigen Sekrete der Talgdrüsen enthalten auch Duftstoffe. Leicht vergrößerte Talgdrüsen finden sich auch im Kinnbereich. Besonders mit den großen Haarpinseln können die Großen Mausohren ihre Talgdrüsensekrete gezielt auf sich selbst (Flughäute), auf ihre Artgenossen oder auf Objekte im Quartier (Balken, Bretter, Ausflugöffnungen) streichen. Offenbar werden so auch die Jungen mit Duftstoffen der Mutter eingerieben und sind dadurch individuell wiederzuerkennen. Die Tasthaare dürften ebenfalls bei der für diese Art typischen Nahrungssuche am Boden von Bedeutung sein.

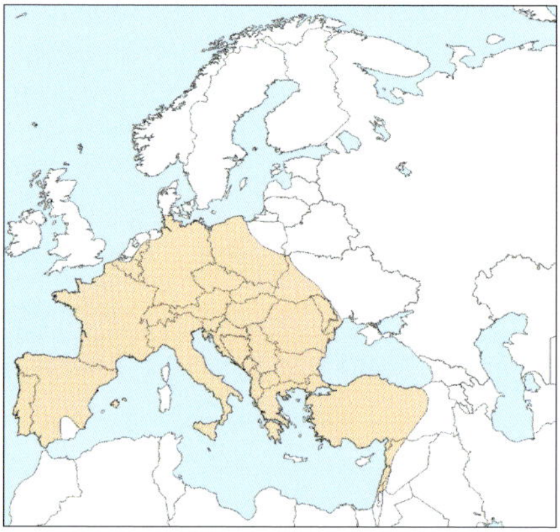

Verbreitung: Von der europäischen Mittelmeerküste über ganz Europa bis südliche Niederlande, Schleswig-Holstein und N-Polen. Die östliche Verbreitungsgrenze verläuft durch die westliche Ukraine zum Schwarzen Meer. In Kleinasien bis zum Kaukasus und dem Nahen Osten (Syrien, Libanon, Israel). Fund eines Einzeltieres in S-Schweden; bis 1985 wenige Exemplare in Großbritannien, seit 1990 dort als ausgestorben geltend, seit 2002 wieder ein Winterfund eines Einzeltieres.

Lebensweise: In Mitteleuropa Wochenstubenquartiere fast ausschließlich in großen Dachräumen, einige in Widerlagern von großen Brücken, wenige Kolonien auch in Kellerräumen oder unterirdischen Gängen. Im Mittelmeerraum Wochenstubenquartiere meistens in Höhlen.

Die Kolonien umfassen meist mehrere hundert Tiere, in Ausnahmefällen bis zu 5.000. Große Mausohren hängen in der Regel frei im Dachfirstbereich, suchen bei ungünstigen klimatischen Verhältnissen jedoch auch andere Orte auf, wie z. B. Mauerspalten und Zwischendächer. Andere Quartiertypen wie Baumhöhlen, Spalten an Gebäuden oder Höhlen werden von Weibchen nur als Zwischen- oder Ausweichquartier, von Männchen aber regelmäßig genutzt. Zwischen den Quartieren einer Region findet ein regelmäßiger Austausch statt. Sommerquartiere von Männchen befinden sich in Dachböden und Türmen, hinter Fensterläden und in Brückenspalten, in Baumhöhlen und Fledermauskästen, auch in Bergwerken und Höhlen.

Winterquartiere meist in Höhlen, Stollen, Bunkern, Bierkellern, Einzeltiere auch in Felsspalten. Die Kolonien leben meist in Gebieten mit hohem Waldanteil und in Höhenlagen unter 800 m. Ihre Jagdgebiete zeichnen sich durch den freien Zugang zum Boden und damit die Erreichbarkeit von Boden lebenden Gliedertieren aus. Gejagt wird in verschiedensten Waldtypen mit geringer Bodenvegetation oder auch über Wiesen, Weiden und Äckern im frisch gemähten, abgeweideten oder abgeernteten Zustand.

Um geeignete Flächen zu finden, legen Große Mausohren Entfernungen von bis zu 20 km zurück. Die Nahrung der Großen Mausohren setzt

Großes Mausohr *Myotis myotis* Foto: W. Willner

Großes Mausohr *Myotis myotis* *Foto: C. Robiller/Naturlichter.de*

sich überwiegend aus Laufkäfern (Carabidae) zusammen, Schmetterlingsraupen und Grillen ergänzen das Nahrungsspektrum. Die Beute wird von den Tieren während einer kurzen Landung am Boden ergriffen und im Flug verzehrt. Jagdflug meist in geringer Höhe (0–15 m).
Die Populationsdichte korreliert eng mit dem Laubwaldanteil.

Wanderungen: Das Große Mausohr ist ein Mittelstreckenwanderer. Zwischen Winterquartieren und den meist sternförmig um diese lokalisierten Sommerquartieren legen Mausohren 50–100 km zurück. Männchen wandern im Mittel 28 km, die Weibchen nahezu doppelt so weit (51 km). Einige Individuen scheinen zudem ein ausgeprägtes Wanderverhalten zu zeigen. Die weitesten bekannten Wanderungen in Winterquartiere (Deutschland und Spanien) betragen 370–390 km.

Kleine Bartfledermaus, Bartfledermaus

Myotis mystacinus (KUHL, 1817)
Whiskered bat (engl.), Murin à moustaches (frz.)

Ortungslaute: Von 70–120 kHz, knapp über 30 kHz, manchmal bis 28 kHz abfallend. Keine deutliche Hauptfrequenz, gut zu empfangen bei 45–50 kHz; Länge 3–6 ms; Entlang von Waldwegen; Im Detektor von der Großen Bartfledermaus nur durch Spezialisten zu unterscheiden.

Zweitkleinste europäische Myotis-Art. KRL 35–48, Sl 30–43, Ual 31–36,5, Ol 12–17, Dl meist <5,3, Hfl meist <6,8, G 4–8.

Tragus länger als die halbe Ohrhöhe. Äußerer Ohrrand mit Einbuchtung nahe dem unteren Drittel. Der Tragus ist am äußeren Rand gerade, nicht konkav. Die Färbung des langen, krausen Felles erwachsener Tiere varriiert je nach Alter auffallend zwischen dunklem Ocker und Braun. Jungtiere sind dunkler. Kleine Bartfledermäuse sind in der Regel immer dunkler als die Große Bartfledermaus. Realtiv lange, schmale Flügel mit schwarzbraunen Flughäuten. Der Sporn trägt einen schmalen Hautlappen. Der letzte Schwanzwirbel ragt aus der Flughaut. Der Penis ist im Gegensatz zu dem der Großen Bartfledermaus in ganzer Länge gleichmäßig dünn.

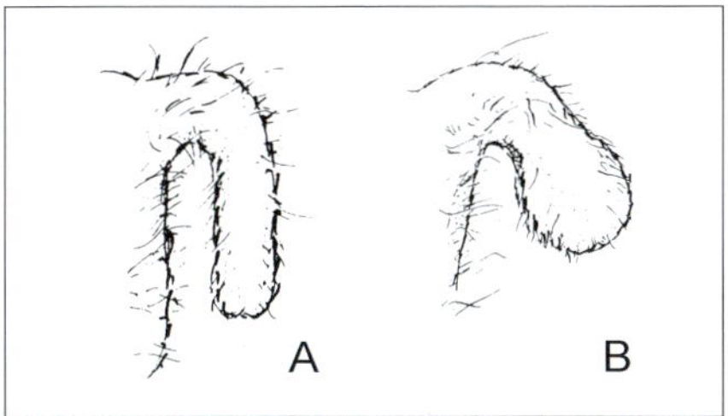

Penisform als sicheres Unterscheidungsmerkmal: Bei der Kleinen Bartfledermaus ist der Penis gleichmäßig dünn (A), bei der Großen Bartfledermaus ist er am Ende verdickt (B).
I. Ahlén

Verbreitung: Nordafrika (Marokko), fast ganz Europa bis 64°N; Nachweise im Kaukasus, an türkischer Westküste und in Israel. Im Osten Verbreitungs-

Kleine Bartfledermaus *Myotis mystacinus* *Foto: W. Willner*

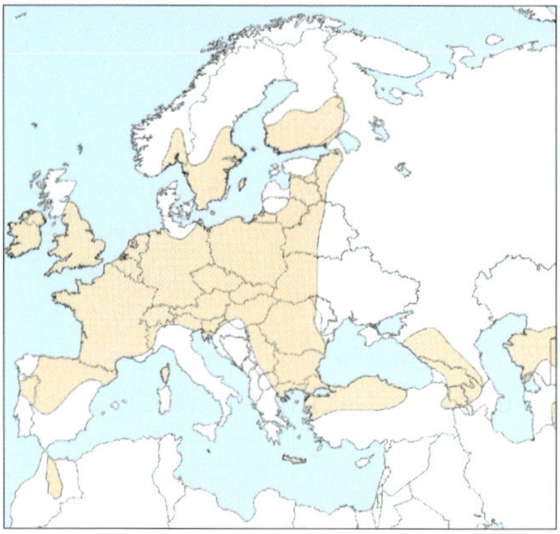

grenze wegen Verwechslungen mit der Steppen-Bartfledermaus unsicher.

Lebensweise: Die Art gilt als anpassungsfähig und hat in verschiedenen Regionen Europas unterschiedliche spezifische Ansprüche an ihren Lebensraum. Ihre Sommerquartiere befinden sich in Spalten an und in Gebäuden, aber auch selten hinter abstehender Rinde. Auch wurde ein Fund in einer Brutkolonie von Uferschwalben beschrieben. Männchen wurden in Bayern auch im Sommer tagsüber in Höhlen schlafend festgestellt.

Der Jagdlebensraum ist sehr vielfältig. Fließgewässer sind bedeutende Jagdhabitate, in Frankreich wurde sie auch an Seen nachgewiesen, in Norddeutschland und in Südeuropa scheint sie mehr an Wälder gebunden. Insgesamt gilt sie jedoch als Art der strukturreichen Offenlandschaften. Ähnlich flexibel zeigt sich die Kleine Bartfledermaus bei der Nahrungswahl. Vor allem Dipteren, Lepidopteren und Araneaen wurden nachgewiesen, aber auch andere Insektenordnungen. Die Zusammensetzung des Nahrungsspektrums

Kleine Bartfledermaus *Myotis mystacinus* *Foto: C. Robiller/Naturlichter.de*

variiert nach Jahreszeit und Biotop. Jagdflug meist in geringer Höhe (1–6 m). Wohnstuben umfassen meist 20–60 Weibchen.

Wanderungen: Zwischen Sommer- und Winterquartier wurden nur selten Wanderungen beschrieben. Die Kleine Bartfledermaus scheint insgesamt eine kleinräumig wandernde Art zu sein mit saisonalen Wanderungen zwischen Sommer- und Winterlebensraum von meist 50–100 km. Einige der wenigen mit Bezug zum Sommerlebensraum in Winterquartieren wiedergefundenen Kleinen Bartfledermäuse haben aber auch längere Überflüge zwischen Sommer- und Winterlebensraum durchgeführt, so etwa 625 km in Frankreich.

Fransenfledermaus

Myotis nattereri (KUHL, 1817)
Natterer's bat (engl.), Murin de Natterer (frz.)

Ortungslaute: Von 100–150 kHz bis 20 kHz abfallend (Endteil mit bloßem Ohr hörbar). Keine deutliche Hauptfrequenz, gut zu empfangen bei 45–50 kHz; Länge meist 2–3 ms; Zwischen den Baumkronen jagend; sehr trockene, zum Teil unregelmäßige (dig-dig-dig) Rufe.

Kleine bis mittelgroße, zarte Myotis-Art. KRL 39–50, Sl 38–49, Ual 34,4–44,0, Ol 14–20, Hfl 8,2–9,5, G 5–12,5.

Das leicht durchsichtige Ohr ragt, wenn man es nach vorne über die Schnauze klappt, um die Hälfte seiner Länge über die Nasenöffnungen hinaus. Der äußere Ohrrand weist keine deutliche Ausrandung auf. Der lange, spitz zulaufende Tragus ist deutlich länger als die halbe Ohrhöhe. Die Schwanzflughaut trägt am freien Rand etwa 2 mm lange, hakenförmig nach unten gebogene steife Haare (Name!). Bräunliche, rauchig transparente Flughaut; seidiges Fell, oberseits licht bräunlich, bauchseits weißlichgrau.

Verbreitung: Weite Teile Europas bis 60°N und bis in den Mittelmeerraum mit allen großen Inseln (außer Malta); NW-Afrika (Marokko, Tunesien, Algerien); westliche Türkei, Israel, Iran und Turkmenistan.

Lebensweise: Fransenfledermäuse wurden früher als typische Waldfledermäuse eingestuft. Viele Nachweise von Wochenstuben im Siedlungsbereich haben diese Annahme zwischenzeitlich relativiert. Wochenstuben liegen sowohl in Wäldern als auch im Siedlungsbereich. Als Quartier werden Mauerspalten, Dachstühle, Baumhöhlen und Baumspalten sowie Fledermauskästen genutzt. Kurz vor der Geburt der Jungtiere sammeln sich die Weibchen in größerer Zahl in einem Quartier. Direkt

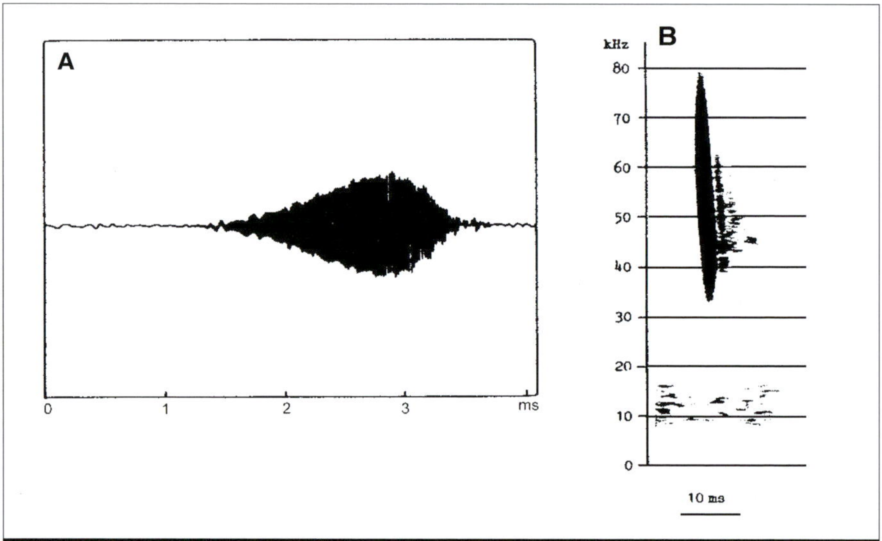

Die Ortungsrufe haben eine Länge von 2 ms (Oszillogramm, A) und fallen frequenzmoduliert von etwa 78 kHz auf 35 kHz ab (Sonagramm, B).

Fransenfledermaus *Myotis nattereri*

nach der Geburt teilen sie sich in mehrere kleinere Wochenstuben auf. Ihr Winterquartier beziehen Fransenfledermäuse in frostfreien Höhlen und Stollen. Dort verkriechen sie sich in engen Spalten und Ritzen, zum Teil auch in Zwischenräumen von Stein- und Geröllhaufen. Ihre Jagdgebiete unterscheiden sich jahreszeitlich. Während sie im Frühling vorwiegend im Offenland über Feldern und Weiden in Streuobstbeständen und an Hecken oder Gewässern jagen, liegen die Jagdhabitate ab dem frühen Sommer in Wäldern und dort teilweise auch in reinen Nadelbeständen. Dabei entfernen sich die Tiere nicht weiter als 3 km von Quartier. Fransenfledermäuse gehören zu den „Gleanern", d. h. sie fangen ihre Beute nicht im Flug, sondern picken sie von Blättern oder vom Boden, ohne auf bestimmte Tiergruppen spezialisiert zu sein. Aus verschiedenen Gebieten sind Populationen bekannt, die ihr Quartier regelmäßig in Kuhställen beziehen und in diesen auch Fliegen jagen. Zum Teil verlassen diese Tiere die Ställe überhaupt nicht. Jagdflug meist in geringer Höhe (1–5 m), selten wesentlich höher.

Wanderungen: Hierzu gibt es unterschiedliche Hinweise. Einerseits gilt die Art als ortstreu, weil sich ein Großteil der gefundenen Winterquartiere <40 km vom Sommerlebensraum entfernt befindet. Vor Winterquartieren schwärmende Fransenfledermäuse kommen häufig aus Sommerquartieren, die in einem Radius von bis zu 60 km um das Winterquartier liegen. Andererseits wurden für diese Art auch längere Überflüge zwischen Sommer- und Winterlebensraum registriert. Die weitesten Wanderungen ins Winterquartier betragen 260–330 km.

Maghreb-Mausohr, Punisches Mausohr

Myotis punicus FELTEN, 1977
Maghreb mouse-eared bat (engl.), Murin du Maghreb (frz.)

Große Art. KRL 65–73, Sl 47–62, Ual 53–65, Ol 26,1–29, G 17,3–33.

Mit hellbraunem bis grauem Rücken-, weißgrauem Bauchfell und deutlicher Farbgrenze zwischen Ober- und Unterseite. Hals und Kehle durch Drüsensekrete oft gelblich verfärbt. Realtiv lange Ohren mit 7–11 Querfalten. Kein heller Fleck zwischen den Ohren.

Verbreitung: Auf Sardinien, Korsika, Malta und Gozo sowie in Marokko, Algerien, Tunesien und NW-Libyen.

Lebensweise: Die Art kommt im Flachland wie im Gebirge vor, in Afrika auch in Halbwüsten. Als Quartiere werden Höhlen, Stollen, Spalten an Brücken und Gebäuden genutzt. Die Geburten in den bis zu 700 Weibchen umfassenden Wochenstuben finden in Afrika ab

Maghreb-Mausohr *Myotis punicus*
Foto: D. Nill (oben); C. Robiller/Naturlichter.de (unten)

April, auf den Mittelmeerinseln ab Mai statt. Die Männchen besetzen dicht zu den Wochenstuben ihre Paarungsquartiere, die sie mit Drüsensekret markieren, und locken die Weibchen mit Balzrufen an. Die Winterquartiere in Höhlen umfassen bis zu 2.000 Tiere. Punische Mausohren jagen im Offenland, selten an Waldrändern, in niedrigem Flug nach Feld- und Laubheuschrecken, Grillen, Käfern, Spinnen und Skorpionen, wobei die Beute teilweise vom Boden abgelesen wird.

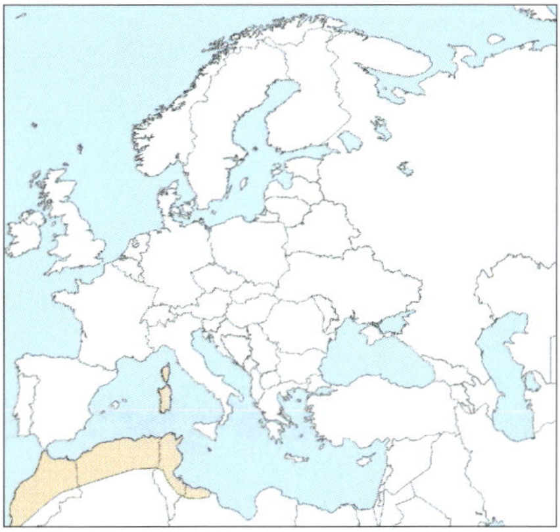

Wanderverhalten: Über Wanderungen ist nichts bekannt. Das Punische Mausohr scheint weitgehend ortstreu zu sein.

Schaubs Fransenfledermaus

Myotis schaubi Kormos, 1934
Schaub's bat (engl.), Murin de Schaub (frz.)

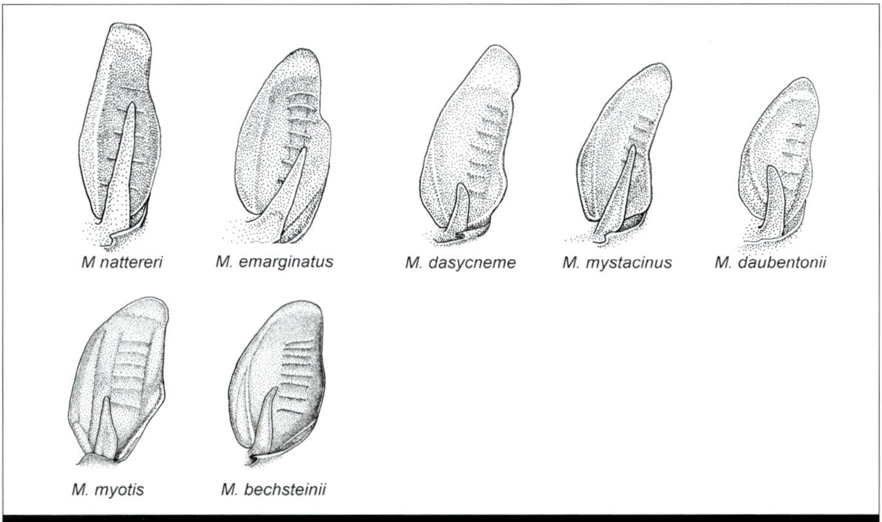

Gestalt und Größe der Ohren und Ohrdeckel (Tragi) sind ein wichtiges Bestimmungsmerkmal zur Unterscheidung einiger Myotis-Arten.

Die Art ähnelt sehr der Fransenfledermaus. KRL 40–49, Sl 37–45, Ual 42–48, Ol 18,5– 19,3, Hfl um 11,0 G 7–9.

Hellgrauer Rücken, leicht bräunlich getönt, Bauchseite weißgrau mit deutlicher Färbungsgrenze zwischen Ober- und Unterseite. Ohren überragen nach vorn geklappt die Schnauze nur um 1–3 mm. Der Borstensaum am freien Rand der Schwanzflughaut ist mitunter 0,5 mm kürzer als der bei der Fransenfledermaus. Die Art wurde lange Zeit nur als Unterart der Fransenfledermaus betrachtet.

Verbreitung: Endemisch in Armenien und dem W-Iran.

Lebensweise: Über die Lebensweise ist wenig bekannt. Nachdem sich Spinnen und Fliegen in ihrer Nahrung fanden, ist anzunehmen, dass ihre Lebensweise der der Fransenfledermaus sehr ähnelt.

Azorenabendsegler

Nyctalus azoreum (Thomas, 1901)
Azores Noctula (engl.) Noctule des Acores (frz.)

Ortungslaute: Nahezu konstantfrequent 28–32 kHz; Länge 16 ms.

Ähnlich Kleinabendsegler. KRL 51–57, Sl 32–46, Ual 35,7–40,7, Ol 10–14, G 6–13. Durchschnittlich etwas kleiner als der Kleinabendsegler. Einfarbig dunkelkastanienbraun gefärbt. Gesicht und Ohren schwarzbraun bis schwarz.

Verbreitung: Endemisch auf den Azoren. Bis auf Flores und Corvo auf allen Inseln nachgewiesen.

Lebensweise: Von den Vulkankratern bis in den Siedlungsraum vorkommend. Bisher nur Spaltenquartiere an Gebäuden bekannt. Lebt in zerstreuten, kleinen Kolonien. Die Tiere jagen am Tag und in der Nacht auch in kleineren Gruppen im freien Luftraum, an Waldrändern, über Parks und um Straßenlaternen nach fliegenden Insekten. Ihre Tagaktivität lässt sich durch das Fehlen von Prädatoren und die geringere Konkurrenz durch insektenfressende Vögel auf den Inseln erklären.

Riesenabendsegler

Nyctalus lasiopterus (SCHREBER, 1780)
Greater noctule bat (engl.), Grande noctule (frz.)

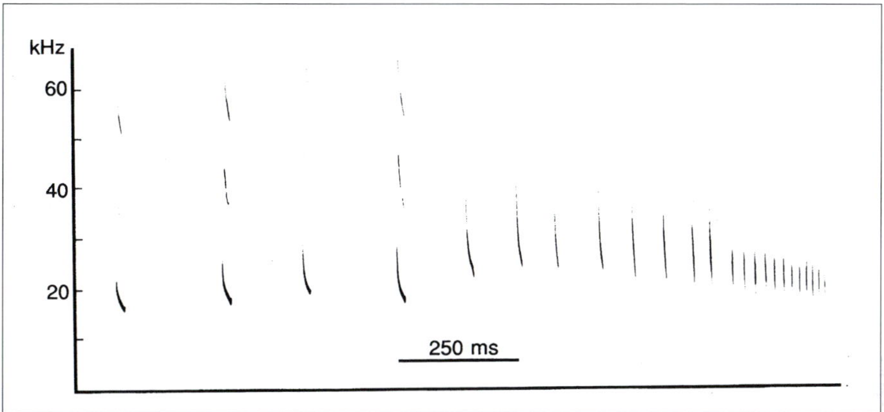

Echoortungslaute bei Annäherung an die Beute sowie in der Endphase vor dem Zupacken („feeding buzzes"), bei der die 2. und 3., weniger intensiven und höher frequenten Harmonischen verschwinden.

Ortungslaute: 14–23 kHz; Länge bis 28 ms.

Sehr groß; größte europäische Fledermaus. KRL 84–104, Sl 52–74, Ual 61–70, Ol 18–26, Hf 12,5–15, FS 410–460, G 35–53.

Auffallend breiter Kopf. Rötlichbraune, kurze, aber sehr breite und rundliche Ohren. Großer nierenförmiger Tragus. Lange, schmale Flügel. Dichtes, langes Haarkleid mit längeren Nacken- und Schulterhaaren. Sehr variable Fellfärbung, von kastanienbraun oder rötlich- bis gelblichkastanienfarben, auf Bauchseite etwas heller. Nacken dunkelbraun.

Verbreitung: Von W-Europa bis Ural und Kaukasus, Marokko, Libyen. Oft sehr inselartig verbreitet mit wenigen, regelmäßigen europäischen Vorkommen in Spanien, Südfrankreich, der Toskana, Griechenland und Ungarn. Geschlossenes Hauptverbreitungsgebiet von Weißrussland über die Ukraine nach Russland.

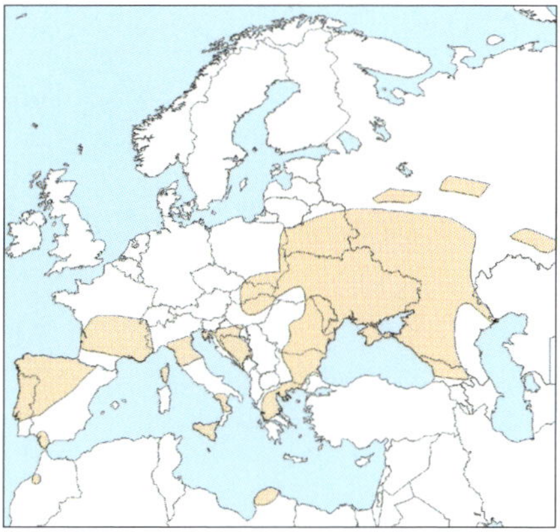

Riesenabendsegler *Nyctalus lasiopterus* *Foto: A. Limbrunner*

Lebensweise: Lebt als Waldfledermaus in Laub-, Laubmischwäldern sowie im Gebirge in alten Tannenwäldern. Im Mittelmeerraum auch in Parks mit Platanen. Quartiere meist in Baumhöhlen, Einzelnachweise in Karsthöhlen. Die Wochenstuben umfassen 10–80 Weibchen, die teilweise das Quartier mit Abendseglern teilen. Die Geburten der 1–2 Jungen erfolgen Anfang Juni.

In der Abenddämmerung jagen Riesenabendsegler in sehr schnellem, geradlinigem Flug in bis zu 500 m Höhe mit rasanten Sturzflügen nach Großinsekten, zur Zeit des Vogelzuges von März bis Mai und von August bis September aber auch nach Kleinvögeln. Diese werden im Flug erbeutet (Rotkehlchen, Waldlaubsänger z. B.) oder am Schlafplatz überwältigt (z. B. Blaumeisen). Möglicherweise werden die Vögel noch beim Absinken zerteilt und danach an Hangplätzen verzehrt. Riesenabendsegler jagen großräumig bis 50 km um ihr Quartier.

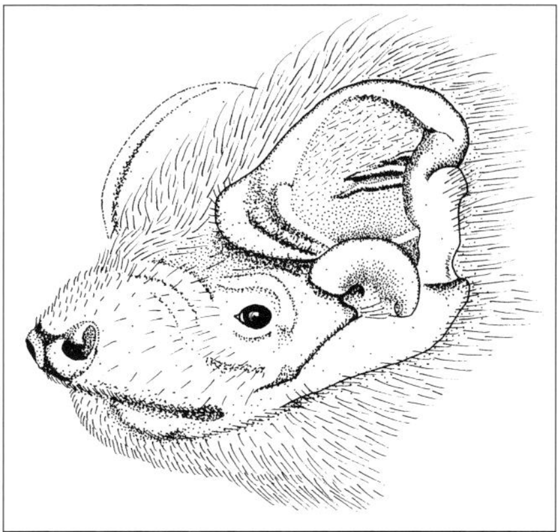

Kopfporträt von *Nyctalus lasiopterus*. Nach einem Foto von Ibáñez.

Wanderungen: Einzeltiere scheinen weit umherzustreifen. Saisonwanderungen sind wahrscheinlich.

Kleiner Abendsegler, Kleinabendsegler

Nyctalus leisleri (KUHL, 1817)
Leisler's bat (engl.), Noctule de Leisler (frz.)

Ortungslaute: 21–26 (meist um 24) kHz. Hauptfrequenz der Rufe bei 30 bzw. 25 kHz; Länge bis 20 ms; Im offenen Luftraum über Wiesen und Gewässer; Nasse zweigeteilte aufeinanderfolgende Rufe (Plip-Plop).

Ähnlich Abendsegler, aber kleiner und mit deutlich zweifarbigem Rückenfell. KRL 48–72, Sl 35–48 (56), Ohr 11,2–16,5 hoch, 8,0–10,5 breit, Ual (37) 39–47, Hf 8,0–10,0, FS 260–340, G 8,0–20,0 (23,2).
Relativ lange und schmale Flügel. Flughäute mit dichter Behaarung entlang des Körpers und der Arme. Dunkelbrauner Rücken, hellere Bauchseite. Haare in Rückenmitte länger. Breite, dreieckige Ohren, Spitzen abgerundet, am Außenrand mit 4–5 Querfalten. Kurzer, pilzförmiger Tragus, sehr ähnlich Abendsegler.

Kleiner Abendsegler *Nyctalus leisleri* *Foto: A. Limbrunner*

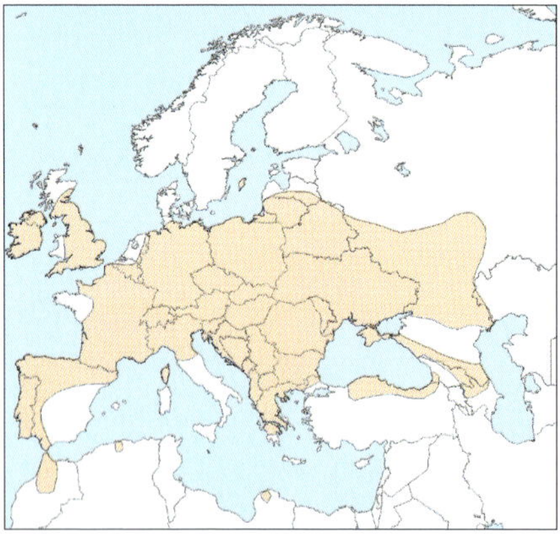

Verbreitung: Ganz Europa bis etwa 57°N mit Verbreitungslücken im Mittelmeerraum und Einzelnachweisen in Nordafrika. Auf Balkanhalbinsel über weite Teile Griechenlands bis Peloponnes und entlang vom Westufer des Schwarzen Meeres vorkommend.

Lebensweise: Sommerquartiere befinden sich überwiegend in Baumhöhlen oder -spalten, zum Teil in großer Höhe, seltener in Spechthöhlen und an Gebäuden. Dabei wechseln Wochenstuben wie Einzeltiere in unregelmäßigen Zeitabständen das Quartier. So entstehen Quartierkomplexe, die bis zu 50 Einzelquartiere umfassen können. Die Winterquartiere der Fernwanderer liegen oftmals 400–1100 km und mehr von den Sommerlebensräumen entfernt. Überwintert wird in Baumhöhlen, seltener auch in Fledermauskästen oder an Gebäuden.

Die Jagdgebiete liegen sowohl in Wäldern als auch im Offenland, an Gewässern und an beleuchteten Plätzen und Straßen im Siedlungsbereich. Dabei entfernen sich die Tiere bis zu 17 km von ihrem Quartier und wechseln rasch von einem Jagdgebiet zum nächsten. Die Ernährung ist opportunistisch und besteht aus weichhäutigen Insekten wie Schmetterlingen, Hymenopteren und Dipteren. Männchen beziehen zur Paarungszeit Balzquartiere, die sie oft im Singflug umfliegen. Jagdflug oft hoch (5–20 m (30–100 m)), jedoch etwas niedriger als der Jagdflug von *Nyctalus noctula*.

Wanderungen: Nach Auflösung der Wochenstuben ziehen die Tiere vornehmlich in südwestlicher Richtung ab. Kleine Abendsegler sind Fernwanderer. Die weiteste dokumentierte Entfernung beträgt ca. 1500 km, Wanderungen von bis zu 1000 km kommen häufig vor. Andererseits gibt es neben Kleinen Abendseglern, die weite Wanderungen durchführen, auch Populationen, die im Gebiet der Sommerquartiere bleiben. Männchen verbleiben zumindest teilweise in den Durchzugs- und Wintergebieten.

Kleiner Abendsegler *Nyctalus leisleri* *Foto: C. Robiller/Naturlichter.de*

Großer Abendsegler, Abendsegler

Nyctalus noctula (SCHREBER, 1774)
Noctule bat (engl.), Noctule commune (frz.)

Großer Abendsegler *Nyctalus noctula* *Foto: A. Limbrunner*

Ortungslaute: „Plip"-Laute, frequenzmoduliert 30–60 kHz, auf 22–28 kHz abfallend. Hauptfrequenz der beiden Rufe bei 23–25 bzw. bei 19–20 kHz; Im offenen Luftraum über Wiesen und Gewässern; Nasse zweigeteilte aufeinanderfolgende Rufe (Plip-Plop). Länge 13 ms, „Plop"-Laute nahezu konstantfrequent (16) 19–22 kHz; Länge bis 28 ms.

Recht große Art mit spitzen, schmalen Flügeln. KRL 60–89, Sl 40,0–66,5, Ual 47,0–58,5, Ohr 10,0–21,2 hoch, 13,5–17,0 breit, Hf 9,0–13,0, FS 320–450, G 16,7–44,2.

Breite, dunkle Schnauze mit schwärzlichen Drüsenschwellungen oberhalb der Oberlippe. Beide Geschlechter auch mit Mundwinkeldrüsen (Buccaldrüsen), die als ovale gelbe Anschwellungen der Schleimhaut in beiden Mundwinkeln erkennbar sind. Schwarzbraune, kurze, breite Ohren mit verdickten Rändern und pilzförmigem Tragus. Sehr dunkelbraune, fast schwarze, lederartige Flughäute. Gold-, ingwerfarben oder rötlichbraun glänzendes Rückenfell und blasser gefärbte Bauchseite.

Verbreitung: Europa bis Sibirien, Kaukasus, Türkei, im SO bis Birma und Vietnam.

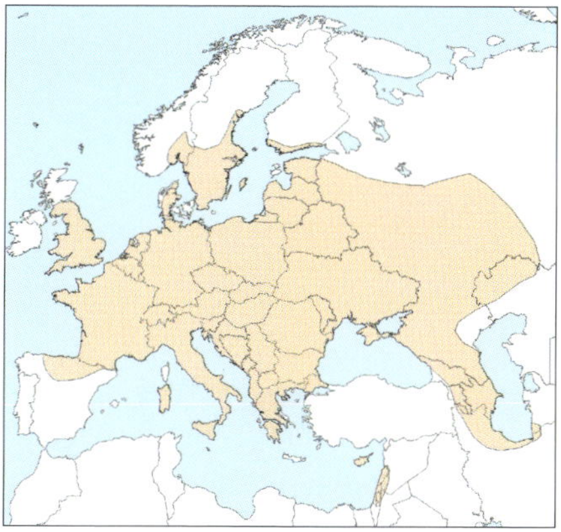

mauskästen oder Gebäude, in Südeuropa auch Höhlen, als Wochenstuben aufgesucht. Als Winterquartier werden neben dickwandigen Baumhöhlen Felsspalten und in Südeuropa auch unterirdische Höhlen genutzt, in denen sich zum Teil sehr viele Individuen versammeln. In einer alten Eisenbahnbrücke bei Kiel wurden über 5.000 überwinternde Tiere gezählt, in geeigneten Baumhöhlen können bis zu 700 Große Abendsegler überwintern.

Lebensweise: Der Große Abendsegler ist eine typische Waldfledermaus, die sowohl im Sommer als auch im Winter häufig Baumhöhlen, bevorzugt alte Spechthöhlen, als Quartier nutzt. Vereinzelt werden auch Fleder-

Die Tiere verlassen ihr Quartier bereits in der frühen Dämmerung und nutzen Jagdgebiete regelmäßig auch in Entfernungen von über 10 km. Sie fliegen schnell und hoch im freien Luftraum und jagen über dem Kro-

Großer Abendsegler *Nyctalus noctula* *Foto: T. Pröhl/fokus-natur.de*

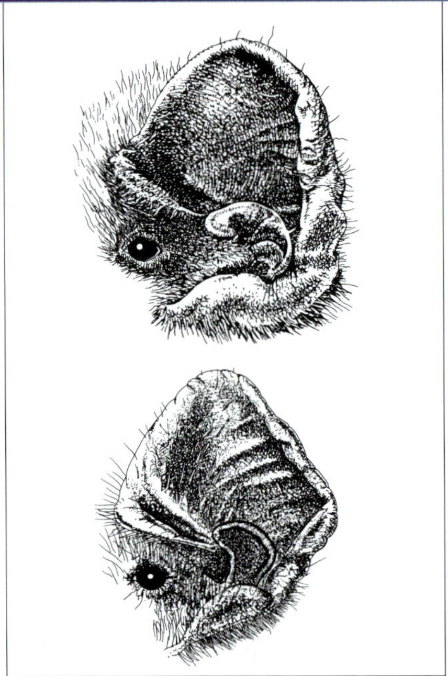

Ohren Riesenabendsegler (oben) und Abendsegler (unten); man beachte die unterschiedliche Ohr- und Tragusform beider Arten.

nendach von Wäldern, auf abgemähten Flächen, in Parks oder über Gewässern. Die bevorzugte Beute sind weichhäutige Insekten wie Eintags- und Köcherfliegen oder Zuckmücken, aber je nach Jahreszeit auch Mai- und Junikäfer. Jagdflug meist über Wipfelhöhe der Bäume, gelegentlich bis mehrere 100 m hoch (6–40 m (300–500 m)). Infrarotaufnahmen aus Schweden konnten jagende Abendsegler in einer Höhe von bis zu 1.200 m nachweisen.

Wanderungen: Nach Auflösung der Wochenstuben wandern die Tiere vornehmlich in südwestliche Richtung ab. Große Abendsegler sind Fernwanderer. Die weiteste dokumentierte Entfernung beträgt ca. 1.600 km, Wanderungen von 1.000 km sind keine Seltenheit.

Wüsten-Großohrfledermaus, Wüsten-Großohr

Otonycteris hemprichii PETERS, 1859
Hemprich's long-eared bat (engl.), Oreillard d'Hemprich (frz.)

Ortungslaute: Frequenzmoduliert mit zwei Harmonischen, die untere von etwa 40 auf 18 kHz abfallend; maximale Energie um 30–32 kHz.

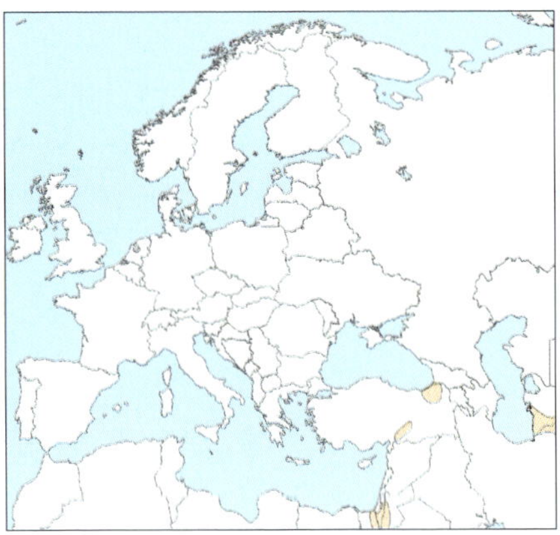

Einziger Vertreter der Gattung Wüstengroßohrfledermäuse (Otonycteris), deren systematische Stellung umstritten ist. Während einige die Verwandtschaft mit den Gattungen Barbastella und Plecotus (Plecotini) sehen, diskutieren andere eine nahe Verwandtschaft zu der ebenfalls Wüs-

Wüsten-Großohrfledermaus *Otonycteris hemprichii*. Ihre großen Ohren sind im Gegensatz zu denen der Langohren nicht an der Basis miteinander verbunden.
Foto: B. Thompson

ten und Halbwüsten bewohnenden nordamerikanischen Gattung Anthrozous.

Die Wüsten-Großohrfledermaus ist die größte langohrige, hier behandelte Fledermausart und auf Grund ihrer Größe sowie der hellen Hautfärbung unverwechselbar. KRL 68–83, SI 49–61, Ual 55,1–67,1, Ol 35–45,2, G 18–35.

Ihr dichtes, langes Fell ist auf dem Rücken grauweiß oder hell gelblich braun, am Bauch gelblich weiß oder weiß. Die großen breiten und langen Ohren sind hellgrau gefärbt, an den Spitzen abgerundet und an der Basis nicht miteinander verbunden. Meist werden sie zur Seite etwas abgespreizt. Ein langer, gerader Tragus und große, mehr nach vorn zeigende Augen sind weitere Kennzeichen. Die Schwanzspitze ragt ca. 3–5 mm aus der Schwanzflughaut heraus. Die Weibchen besitzen – wie sonst bei uns nur die Gattung Vespertilio – zwei Paar brustständige Milchzitzen. Der Penis der Wüsten-Großohr-Männchen ist außergewöhnlich gebaut und hat zwei gekrümmte Eicheln. Am Sporn fehlt ein Epiblema.

Verbreitung: Die Art kommt in Nordafrika, Vorder- und Mittelasien vor.

Lebensweise: Die Tiere leben in Wüsten und Halbwüsten, im Gebirge bis 2.400 m Höhe und beziehen Quartiere meistens in Felsspalten, seltener in Gebäuden. Die kleinen Wochenstuben umfassen meist weniger als 20 Weibchen. Sie gebären ihre zwei Jungen im Juni. Jagdweise: etwa 40 Minuten nach Sonnenuntergang fliegen die Tiere zur Jagd aus. Im langsamen, niedrigen Flug, der an Vögel erinnert, jagen sie über Boden und Wasser nach Fluginsekten. Sie sammeln aber häufig vom Boden Skorpione, Käfer, Walzenspinnen, Hundertfüßer und andere kleine Bodentiere ab. Als sogenannte „Bodengleaner" finden sie die Beute anhand derer Eigengeräusche und durch ihr gutes Sehvermögen.

Libysche Zwergfledermaus

Pipistrellus hanaki HULVA & BENDA, 2004
Hanak's Pipistrelle (engl.), Pipistrelle de Hanak(frz.)

Kleine Art, sehr ähnlich Zwergfledermaus. Ual 31,2–33,4.

Oberseite hell-rotbraun, Bauchseite etwas heller braun gefärbt. Gesicht, Ohren und Flughäute sind dunkelbraun. Der Rand der Armflughaut ist bei einigen Tieren weißlich aufgehellt. Eindeutige Unterscheidung von den anderen Pipistrellus-Arten nur anhand von Schädelmerkmalen und molekulargenetischen Untersuchungen möglich.

Verbreitung: Lybien (Cyrenaica).

Lebensweise: Weitgehend unbekannt, aber wohl ähnlich der anderen Pipistrellus-Arten.

Weißrandfledermaus

Pipistrellus kuhlii (KUHL, 1817)
Kuhl's pipistrelle bat (engl.), Pipistrelle de Kuhl (frz.)

Ortungslaute: Am Anfang frequenzmoduliert, im Endteil nahezu konstantfrequent mit Endfrequenz: 36–40 kHz; Länge bis 12 ms.

Kleine Fledermaus, etwa so groß wie die Rauhaut- oder die Alpenfledermaus, aber größer als die Zwerg- und Mückenfledermaus. KRL 39–55,5, Sl 30–45, Ohr 10,0–14,8, Ual 30,0–36,2, Hfl5,5–8,0, FS 210–260, G 4,8–10,0.

Relativ schmale Flügel; Flughäute, Ohren und Nase dunkel- bis schwarzbraun. Am Flughautrand zwischen 5. Finger und Fuß findet sich meist ein scharf begrenzter, 1–2 mm breiter weißer Saum. Ziemlich variable Fellfärbung, aber meist gelblicher als bei der Zwergfledermaus. Rücken häufig mittel- bis gelbbraun, Bauchseite lichtgrau bis grauweiß. Ziemlich breite, mehr oder weniger abgerun-

Weißrandfledermaus *Pipistrellus kuhlii* *Foto: D. Nill*

dete Schnauze. Kurze, kleine, etwas dreieckige Ohren mit abgerundeten Spitzen; am Außenrand fünf Querfalten. Der kurze, etwas nach vorne gebogene Tragus ähnelt dem von Zwerg- und Rauhautfledermaus.

Verbreitung: Im gesamten Mittelmeerraum, Nordgrenze im Westen höher als im Osten. Mit Ausbreitungstendenzen nach Norden. Die südlichsten Bereiche Deutschlands, Österreich, Ungarn, das südliche Bulgarien und die Ukraine entlang des Dnjepr nach Norden sind besiedelt. Weißrandfledermäuse kommen weiterhin auf allen großen Mittelmeerinseln, den Kanaren, in ganz Nordafrika nördlich der Wüsten, in ganz Kleinasien, im Nahen Osten, über die Arabische Halbinsel bis Afghanistan, Turkmenistan und Kasachstan vor.

Lebensweise: Die sehr anpassungsfähige Art lebt in Halbwüsten, Wäldern und vor allem in menschlichen Siedlungsgebieten. Als Spaltenbewohner bezieht sie Quartiere an Gebäuden, hinter Wandverkleidungen, in Mauerrissen, in Zwischendächern, unter Ziegeln, lokal auch in Baumhöhlen sowie in Nordafrika zwischen

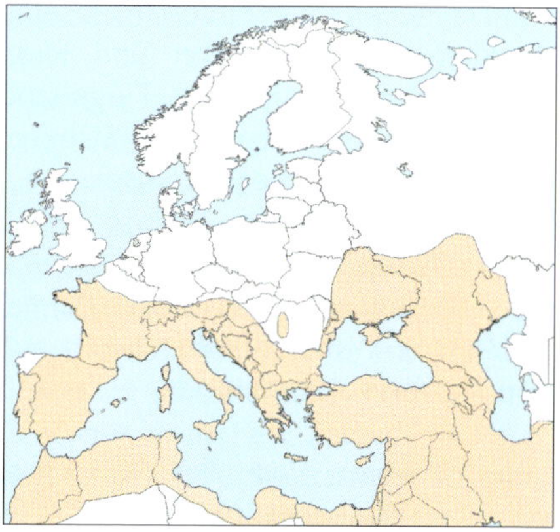

Kopfporträt der Rauhautfledermaus; ihre Gesichtsmaske ist nicht so dunkel wie die der Zwergfledermaus.

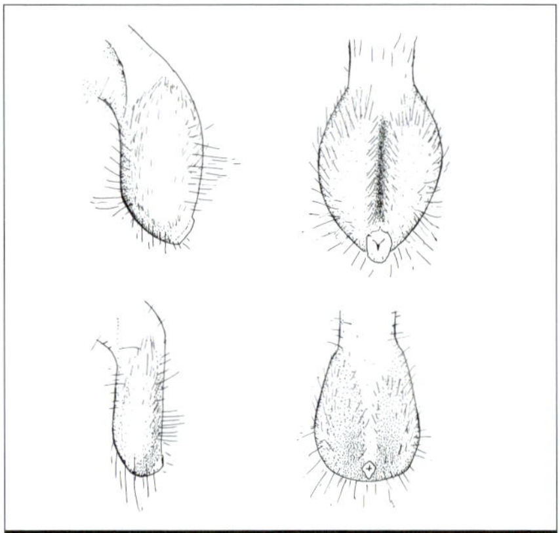

Der kräftige, eiförmige Penis der Rauhautfledermaus hat auf der Oberseite eine Längsfurche (oben), der Penis der Zwergfledermaus ist schlanker und ohne Furche (unten).

Rauhautfledermaus *Pipistrellus nathusii* *Foto: A. Limbrunner*

Madeira-Fledermaus *Pipistrellus maderensis* *Foto: E. Grimmberger*

bei 42–47 kHz. Madeira-Fledermäuse sind sehr ortstreu. Beringte Tiere fanden sich ausschließlich in einem Radius von 2 km um den Beringungsort wieder. Zum Trinken kommt an stehenden Gewässern oft eine größere Zahl an Individuen zusammen.

Rauhautfledermaus

Pipistrellus nathusii (Keyserling & Blasius, 1839)
Nathusius' pipistrelle bat (engl.), Pipistrelle de Nathusius (frz.)

Ortungslaute: Am Anfang frequenzmoduliert, im Endteil nahezu konstantfrequent mit Endfrequenz: 37–41 kHz. Hauptfrequenz bei 38–40 kHz; Länge bis 12 ms; Entlang von Waldwegen, Lichtungsbereichen und Hecken; Nasse Laute, die schwerer klingen und mehr holpern als bei der Zwergfledermaus (papapa-papa-papapapap).

Ähnlich Zwergfledermaus, aber etwas größer. KRL 46–58, Sl 32,3–40, Ual 32,0–37,1, FS 230–250, G 6–15,5.

Felloberseite, Kopf und Kehle stumpf braun bis rotbraun, Bauch heller, mehr gelb- oder braungrau, erwachsene Tiere können im Herbst auf dem Rücken einen (silber-)grauen Anflug aufweisen, während sie im Sommer rötlichbraun gefärbt sind. Schnauze und Ohren sind kurz. Das nackt wirkende Gesicht ist wie die Ohren bräunlich und kontrastiert nicht mit dem Fell. Fast die Hälfte der Schwanzflughautoberseite einschließlich der Schienbeine ist kräftig

Kopfporträt der Rauhautfledermaus; ihre Gesichtsmaske ist nicht so dunkel wie die der Zwergfledermaus.

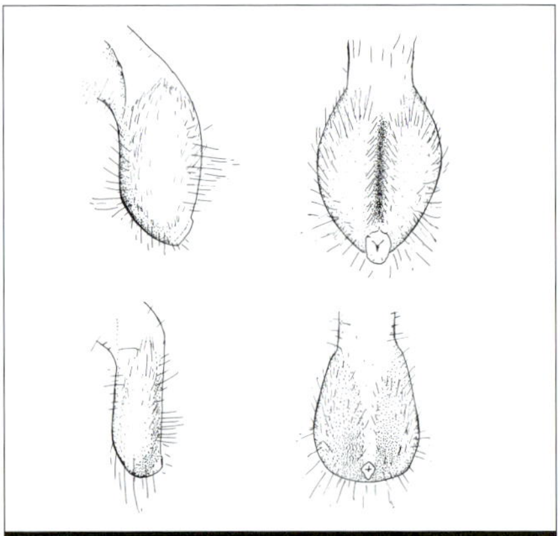

Der kräftige, eiförmige Penis der Rauhautfledermaus hat auf der Oberseite eine Längsfurche (oben), der Penis der Zwergfledermaus ist schlanker und ohne Furche (unten).

Rauhautfledermaus *Pipistrellus nathusii* *Foto: A. Limbrunner*

behaart. Dadurch wirken Rauhautfledermäuse gestreckt. Auch die Armflughaut, die bis zur Zehenwurzel reicht, weist körpernah eine dichte Behaarung auf.

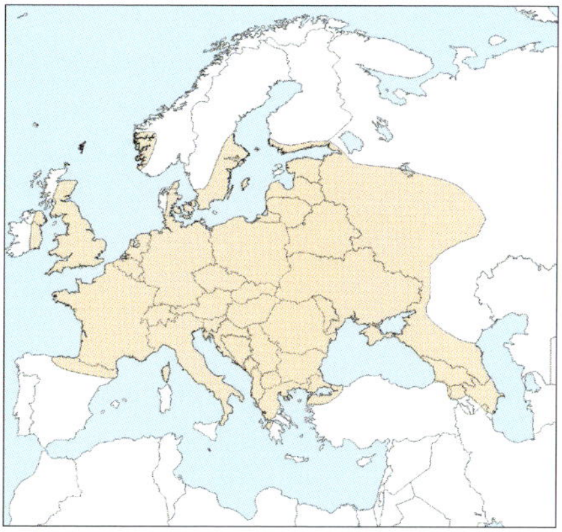

Verbreitung: Europa bis 60°N, bis Kaukasus und N-Anatolien. Die Reproduktionsgebiete liegen vor allem im Nordosten des Verbreitungsgebietes, die Winterquartiere weiter südwestlich.

Lebensweise: Die Rauhautfledermaus ist eine typische Waldfledermaus. Quartiere und Wochenstuben befinden sich in Baumhöhlen und -spalten, oft hinter abstehender Rinde alter Eichen und in Stammspalten. An Gebäuden werden Holzverkleidungen und Klappläden angenommen, wobei es auch zu Vergesellschaftungen mit Großen und Kleinen Bartfledermäusen und Zwergfledermäusen kommt. Den Winter verbringen Rauhautfledermäuse z. B. in. Felsspalten, Mauerrissen, Baumhöhlen und Holzstapeln.

Rauhautfledermaus *Pipistrellus nathusii* *Foto: C. Robiller/Naturlichter.de*

Rauhautfledermäuse jagen Fluginsekten, oftmals im Patrouillenflug. Einen hohen Anteil an der Nahrung haben Zuckmücken, aber auch Köcherfliegen, Netzflügler oder kleine Käferarten werden erbeutet. Jagdgebiete befinden sich in einem Radius von 5–6 km um das Quartier und liegen meist innerhalb des Waldes an Schneisen, Wegen und Waldrändern oder über Wasserflächen, im Herbst auch im Siedlungsbereich. Jagdflug in mittlerer Höhe (4–20 m), während des Zuges wird die Art aber häufig in größerer Höhe (>40 m) festgestellt.

Wanderungen: Die Rauhautfledermaus gehört zu den fern wandernden Arten. Im August und September verlassen die Tiere ihre Wochenstubengebiete in Richtung Südwest, wobei sie sich an Küsten- und Gewässerlinien orientieren und Strecken zwischen 1.000 und 2.000 km zurücklegen. Maximale Wanderungen betrugen 1.905 km.

Zwergfledermaus

Pipistrellus pipistrellus (SCHREBER, 1774)
Common pipistrelle bat (engl.), Pipistrelle commune (frz.)

Ortungslaute: Am Anfang frequenzmoduliert, im Endteil nahezu konstantfrequent mit Endfrequenz: 42–51, meist 44–47 kHz. Hauptfrequenz bei 43–45 kHz; Länge bis 10 ms; Entlang von Waldwegen, Lichtungsbereichen und Hecken; Nasse Laute, mitunter in sehr unregelmäßigem Rhythmus (pipi-pupu-pipipupupupu).

Kopfansicht Zwergfledermaus; die nackten Gesichtsteile sind dunkel.

Kleine Art mit kurzer, oft spitz wirkender Schnauze, die trotz dichter, steifer Haare nackt wirkt. KRL 36–51, Sl 23–37, Ual 28–34,6, FS 180–240, G 3,5–8,7.

Die kurzen Ohren weisen fünf Querfalten auf. Der nach vorne gekrümmte Tragus erreicht die halbe Ohrlänge. Lange, ziemlich schmale Flügel. Rückenfell ausgewachsener Tiere im Sommer (dunkel-)braun mit deutlichem Rot-Ton. Die Unterseite ist kaum heller, aber weniger farbintensiv. Der rötliche Farbton fehlt im Fell von Herbst- und Wintertieren, die oft (dunkel-)olivbraun wirken. Gerade flügge Jungtiere sind noch matter gefärbt.

Zwergfledermaus *Pipistrellus pipistrellus* Foto: A. Limbrunner

Verbreitung: Große Teile Europas bis 50°N, Marokko und Algerien, im Osten bis Pakistan und China.

Lebensweise: Zwergfledermäuse sind typische Spaltenbewohner an Gebäuden. Die Quartiere der in Mitteleuropa häufigsten Art befinden

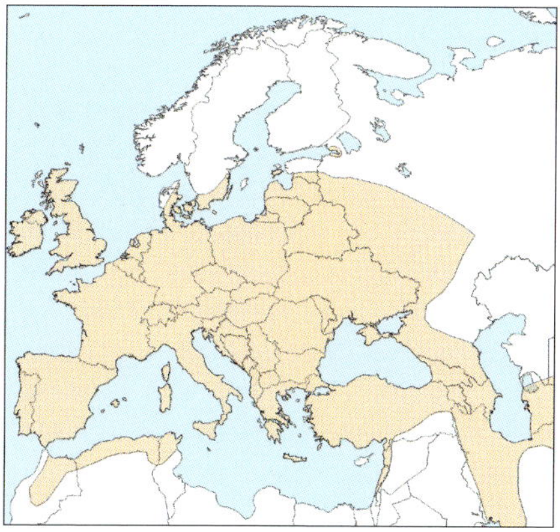

sich hinter Schiefer- und Eternitverkleidungen, Verschalungen, Zwischendächern, Hohlblockmauern und sonstigen kleinen Spalten an der Außenseite von Gebäuden. Wochenstubenkolonien wechseln regelmäßig ihr Quartier. Durchschnittlich alle 11–12 Tage beziehen die Tiere eine andere Spalte, wodurch ein Quartierverbund entsteht, der aus wechselnden Zusammensetzungen von Individuen besteht. Im Winter suchen Zwergfledermäuse unterirdische Höhlen, Keller oder Stollen zum Überwintern auf. Wie im Sommer hängen sie dort nicht frei, sondern kriechen in enge Spalten. Anscheinend gibt es regelmäßig in einer Region ein zentrales Massenwinterquartier, das im Spätsommer von Tausenden von Individuen erkundet wird und von einem Teil als Winterquartier genutzt wird.

Zwergfledermaus *Pipistrellus pipistrellus* Foto: T. Pröhl/fokus-natur.de

Als Jagdgebiete der Zwergfledermaus werden häufig Waldränder, Hecken und andere Grenzstrukturen beschrieben, aber auch an und über Gewässern ist die Art regelmäßig anzutreffen. Die Jagdgebiete liegen meist in einem Radius von etwa 2 km um das Quartier. Die Art ernährt sich vorwiegend von kleinen Insekten wie Mücken oder Kleinschmetterlingen. Jagdflug meist in geringer bis mittlerer Höhe (2–8 m (–20 m)).

Wanderungen: Die Zwergfledermaus gilt als ortstreu. Die schwärmenden bzw. überwinternden Tiere kommen aus den Sommerquartieren, die in einem Radius von 20–40 km um das Winterquartier liegen.

Mückenfledermaus

Pipistrellus pygmaeus (LEACH, 1825)
Pygmy or soprano pipistrelle bat (engl.), Pipistrelle pygmée (frz.)

Ortungslaute: Am Anfang frequenzmoduliert, im Endteil nahezu konstantfrequent mit Endfrequenz: 50–60, meist 54–55 kHz; Länge bis 10 ms.

Sehr kleine Fledermaus. Ual 27,3–33,3, FS 180–240, G 4–7.

Kurze, helle Schnauze, stark gewölbte Stirn und kurze, helle Ohren. Dichtes Fell, an der Unterseite nur wenig heller als auf dem hellen sand- oder rötlichbraunen Rücken. Alle Hautpartien heller als bei der Zwergfledermaus, insbesondere das Innere der Ohrmuschel. Die Behaarung der Schwanzflughaut reicht ähnlich weit wie die der Rauhautfledermaus. Bestes Unterscheidungsmerkmal zur Zwergfledermaus ist die Farbe des Penis. Während dieser bei der Zwergfledermaus graubraun mit hellem Mittelstreifen gefärbt ist, haben Mückenfledermaus-Männchen einen gelblichweißen, seitlich sogar orange gefärbten Penis. Bei den Weibchen zeigt zumindest zur Fortpflanzungszeit die Haut um die Vulva eine ebenfalls gelblichorange Färbung. Insbesondere die männlichen Mückenfledermäuse riechen stark nach Moschus.

Verbreitung: Über Süd- und Mitteleuropa neben der Zwergfledermaus vorkommend. Bis Kaukasus und W-Anatolien. Weil ihre Artabgrenzung von der Zwergfledermaus erst in den

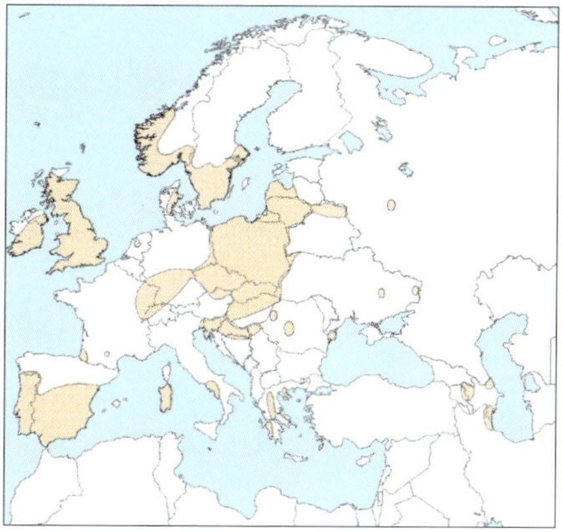

1990er Jahren erfolgte, sind die Verbreitungsgrenzen der Mückenfledermaus noch unsicher.

Lebensweise: Bislang wurden Quartiere der Mückenfledermaus an Gebäuden nachgewiesen, allerdings ist die Nutzung von Spalten in stehendem Totholz nicht auszuschließen.

Mückenfledermaus *Pipistrellus pygmaeus* — *Foto: D. Nill*

Die Lebensräume scheinen in Gewässernähe zu liegen. In Hessen ist die Überwinterung von Tieren in dem Wochenstubenquartier belegt.

Als Jagdgebiete sind naturnahe Auwälder sowie Teichlandschaften bekannt. Das Nahrungsspektrum besteht hauptsächlich aus kleinen Fluginsekten mit einem hohen Anteil von Dipteren. Winterfunde sind bislang spärlich. Jagdflug meist in geringer bis mittlerer Höhe (2–8 m (–20 m)).

Wanderungen: Zum Wanderverhalten gibt es unterschiedliche Hinweise. Es sind sowohl Populationen, die im Gebiet der Sommerquartiere bleiben, als auch Migrationen beschrieben. Es wird vermutet, dass einige der bislang der Zwergfledermaus zugeordneten Langstreckenflüge der Mückenfledermaus zuzuordnen sind. Zumindest für kleinräumige Wanderungen spricht das Auftreten von balzenden Tieren in Gebieten, in denen die Art im Sommer nicht gefunden wird. Der weiteste registrierte Überflug zwischen Sommer- und Winterlebensraum in Deutschland betrug 180 km. Tendenziell zählt die Art zu den Mittelstreckenwanderern.

Braunes Langohr

Plecotus auritus (LINNAEUS, 1758)
Brown long-eared bat (engl.), Oreillard roux (frz.)

Ortungslaute: Frequenzmoduliert aus zwei Harmonischen Lauten, die untere Harmonische fällt von ca. 55 auf 20–25 kHz, die obere von über 80 kHz auf 40 kHz ab; Bei 35 und 50 kHz etwas deutlicher zu hören; Direkt an Vegetation; Sehr leise, schnelle Rufe (vmnt).

Mittelgroße Art, ähnlich Grauem Langohr, aber kleiner und zarter. KRL 45–52, Sl 44–51 (38–44), Ual 35–42,5, Ol 33–39, Tragus 13,5–18,5, Hf 7–9,5, Daumen 5,4–7,6, FS 240–285, G 6–9.

Daumenlänge > 6,5 mm, lange, krumme Kralle (< 2 mm), große Füße mit langen, abstehenden Haaren. Sehr große Ohren, die im Flug aufgerichtet und in Ruhestellung gefaltet, seitlich zusammengelegt und abgeknickt werden. Während des Winterschlafs und in Ruhezeiten verbergen Braune Langohren die Ohren unter den Flügeln. Dann stehen die weichen, zarten Tragi nach vorne weiterhin ab und erinnern am Kopf an kleine, spitze Hörner. Das Rückenfell ist hellbraun oder rötlichbraun, die Bauchseite hell, meist gelblich bräunlich, die Flughäute sind durchscheinend. Gesicht, Ohren und Tragus sind fleischfarben. Der Penis verschmälert sich fast über die ganze Länge bis zur Spitze. Ein großer Sinneshügel über dem Auge und ein Drüsenfeld seitlich der Nase sowie ein meist auffallender Geruch sind weitere Merkmale (s. S. 101).

Braunes Langohr *Plecotus auritus* Foto: A. Limbrunner

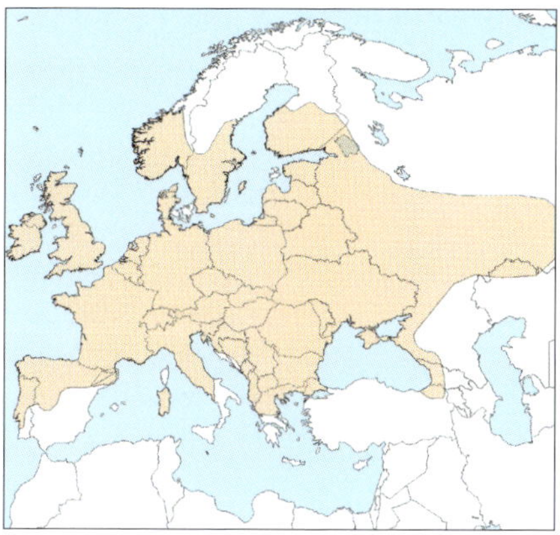

Verbreitung: Ganz Europa bis 63–64 °N, Türkei, Kaukasus, bis China, Japan, Nepal und Indien.

Lebensweise: Im Unterschied zum Grauen Langohr gilt *Plecotus auritus* als Waldfledermaus, die bevorzugt Quartiere in Baumhöhlen aufsucht. Hierzu zählen vor allem Spalten und Spechthöhlen, häufig in unterständigen Bäumen. In Gebäuden werden vor allem Dachböden aufgesucht, wobei z. B. die Hohlräume von Zapfenlöchern des Dachgebälks genutzt werden. Die Winterquartiere befinden sich in Kellern, Stollen und Höhlen in der nahen Umgebung des Sommerlebensraums.

Die Jagdgebiete liegen meist im Umkreis von maximal 1–2 km um das Quartier, häufig sogar nur in einer Entfernung von bis zu 500 m. Typische Jagdhabitate liegen in unterschiedlich strukturierten Laubwäldern, bisweilen in eingestreuten Nadelholzflächen, in Obstwiesen und an Gewässern. Als Nahrung werden vorwiegend Schmetterlinge, Zweiflügler und Ohrwürmer beschrieben, die sie im Flug fangen oder von Blättern und Boden ablesen. Ebenso wie

Braunes Langohr *Plecotus auritus* *Foto: C. Robiller/Naturlichter.de*

die Grauen Langohren sind sie geschickte Flieger, die auf engem Raum manövrieren können. Große Beutetiere werden häufig an einem regelmäßig aufgesuchten Fraßplatz verzehrt, die an den Anhäufungen von nicht gefressenen Schmetterlingsflügeln zu erkennen sind. Jagdflug meist in geringer Höhe (0,5–7 m), selten >10 m.

Wanderungen: Die Art gilt als sehr ortstreu. Die Winterquartiere befinden sich meist in der nahen Umgebung des Sommerlebensraums (<10 km). Die weiteste bekannte Wanderung ins Winterquartier beträgt 90 km.

Graues Langohr

Plecotus austriacus (Fischer, 1829)
Grey long-eared (engl.), Oreillard gris (frz.)

Ortungslaute: Die erste Harmonische fällt von 35 auf 20 kHz, die zweite von 70 auf 38 kHz ab. Bei 35 und 50 kHz etwas deutlicher zu hören; Direkt an der Vegetation; Wie Braunes Langohr, nur durch Spezialisten zu unterscheiden.

Größte europäische Langohrfledermaus mit – wie bei den anderen Langohren auch – am Grunde verwachsenen Ohren. KRL 39–58, Sl 32–55, Ol 30–43, Ual 35,0–44,5, Hf (mit Krallen) 6,0–9,9, FS 237–300, G 6–10 (4,6–14,0).

Daumen kurz (> 6,5 mm) und gerade, mit kurzer (< 2 mm) Kralle. Kleine Füße, Behaarung sehr kurz, eng anliegend und kaum erkennbar. Braunes Rückenfell mit dunkler bis schiefergrauer Haarbasis. Flughaut, Ohren und Tragus sind dunkel und nicht durchscheinend. Dunkle Augenmaske. Sinneshügel über Auge klein (s. S. 101). Keulenförmiger, verdickter Penis.

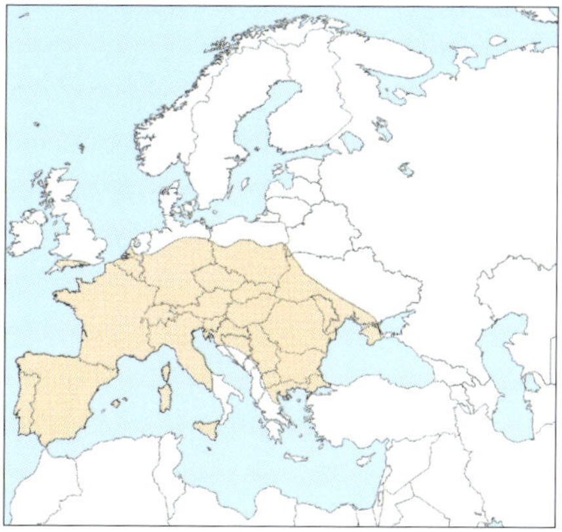

Verbreitung: Europa, im Norden bis etwa 53°N, Krim bis Kaukasus, Balearen, Sardinien, Korsika; östliche Verbreitungsgrenze und Artzugehörigkeit der Tiere auf Zypern unsicher.

Lebensweise: Die Quartiere des Grauen Langohrs befinden sich in der Regel an und in Gebäuden. Nur wenige Funde in Fledermauskästen sind bislang bekannt. Die Tiere hängen frei oder versteckt auf Dachböden und verkriechen sich auch hinter den Außenverkleidungen von Fenstern o. Ä. Abends verlassen sie ihr Quartier erst spät in Richtung ihrer

Graues Langohr *Plecotus austriacus* *Foto: A. Limbrunner*

Graues Langohr *Plecotus austriacus* *Foto: T. Pröhl/fokus-natur.de*

Jagdgebiete. Ihr Flug ist auch auf kleinem Raum sehr geschickt, zum Teil sehr langsam und gaukelnd, manchmal auf der Stelle rüttelnd. Die Jagdgebiete befinden sich in offener Kulturlandschaft, seltener im Wald in 1–5 km Entfernung. Auf Obst- oder Mähwiesen, an Hecken und Feldgehölzen oder an Waldrändern jagen sie vor allem Schmetterlinge aber auch Zweiflügler und Käfer. Ihre Nahrung erbeuten sie im Flug oder sammeln sie vom Boden ab. Graue Langohren werden auch in Siedlungen um Straßenlaternen jagend beobachtet. Jagdflug meist in geringer Höhe (0,5–10 m).

Wanderungen: Die Art gilt als ortstreu. Die weiteste bekannte Wanderung ins Winterquartier beträgt 62 km. Meist sucht sie sich jedoch Höhlen, Keller oder Stollen in weniger als 20 km Entfernung, sie bevorzugt dabei trockene Orte.

Balkanlangohr, Balkan-Langohr

Plecotus kolombatovici DULIC, 1980
Mediterranean long-eared bat (engl.), Oreillard balkanique (frz.)

Ortungslaute: Frequenzmoduliert aus zwei Harmonischen Lauten, ähnlich *P. austriacus*.

Kleinste Plecotus-Art Europas. Ual 36,1–39,3, 5. Finger 46–51, Dl 5,4 –6,4, Tl unter 14, Tb unter 5,2, G 6–9.

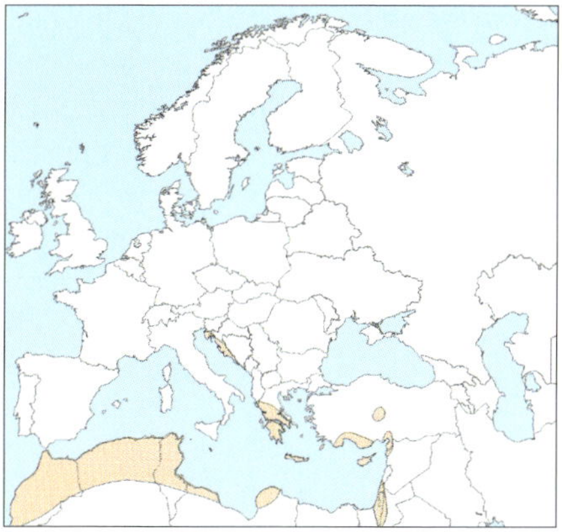

Das Balkan-Langohr ist in vielen Merkmalen dem Grauen Langohr sehr ähnlich. So haben z. B. die Männchen beider Arten einen zum Ende hin deutlich verbreiterten Penis. Das Rückenfell ist braun oder graubraun, das Bauchfell weißgrau. Tiere in Nordafrika sind auf dem Rücken heller, sandbraun oder graubraun gefärbt. Gesicht, Ohren und Flughäute sind dunkel graubraun, die Ohr- und Tragus-Spitzen dunkler als die Basis. Die Zehen sind nur sehr kurz und schütter behaart. Durch ihren im Verhältnis zur Ohrlänge sehr kurzen Tragus unterscheiden sich Balkan-Langohren von allen anderen Plecotus-Arten (s. S. 101).

Verbreitung: Die Verbreitung ist bisher nur lückenhaft bekannt. In NO-Libyen und dem Maghreb kommt die Unterart *P. k. gaisleri* vor, die von einigen Autoren auch als eigene Art *P. gaisleri* betrachtet wird. Auf dem Balkan (Adriaküste), in Griechenland, in der SW-Türkei und auf Rhodos lebt *P. k. kolombatovici*.

Balkan-Langohr *Plecotus kolombatovici* *Foto: T. Pröhl/fokus-natur.de*

Lebensweise: Trockene, fast ausschließlich küstennahe, mediterrane Karstgebiete sind Lebensraum des Balkan-Langohrs, das dort in Steineichenwäldern, Olivenhainen, über Gebüsch, auf Waldlichtungen und an Maccia bestandenen Hängen jagt. Einzeltiere beziehen ihre Quartiere in Felsspalten und Spalten unter Brücken. Wochenstuben von 15–30 und maximal 90 Weibchen finden sich in Dachräumen von Kirchen, auf Kirchtürmen und in verlassenen Eisenbahntunneln. Die Jungen werden Ende Juni geboren.

Alpenlangohr, Alpen-Langohr

Plecotus macrobullaris KUZYAKIN, 1965
Mountain long-eared Bat (engl.), Oreillard alpin (frz.)

Ortungslaute: Frequenzmoduliert aus zwei Harmonischen Lauten, bei kürzeren Lauten 23–46 kHz, bei längeren Lauten 15–42 kHz; Länge bis 4 ms.

Mittelgroße bis große Langohr-Fledermaus. KRL 46–55,2, Sl 41–53,5, Ual 39,6–46,0 Ol 34–40,4, Tl 16–19, Tb 5,5–6,0, Dl 6,5–8,2, Dkr 2,0–2,8, Hfl 8,5–9, G 6–10 (11).

Dichtes, langes Rückenfell in verschieden hellen Grautönen. Helle grau- bis gelblich weiße Unterseite. Ältere Exemplare haben ein helles, gering pigmentiertes Gesicht und eine braune Maske um die Augen. Arttypisch ist ein deutlich sichtbarer, dreieckiger Fleck in der Mitte der Unterlippe, der bei jüngeren Tieren dunkler ist. Daumen, Daumenkralle und Hinterfuß sind mittellang, der Tragus ist lang. Auf den Zehen finden sich lange, abstehende Haare (s. S. 101). Der zylinderförmige Penis ist zur Spitze hin nicht verdickt.

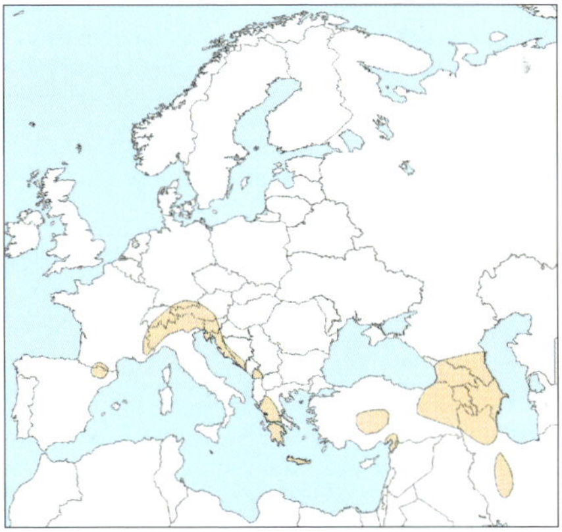

Verbreitung: Nur lückenhaft bekannt. Kommt in zwei Unterarten in den Gebirgen Mittel- und Südeuropas *(P. m. alpinus)* und im Kaukasus *(P. m. macrobullaris)* vor, wahrscheinlich auch in der SO-Türkei, in Syrien, Israel, Jordanien und im Libanon.

Lebensweise: Die Art wird meist in Gebirgslebensräumen ab 800 m ü. NN gefunden, jagend über Bergwiesen und Felsvegetation auch in 2.800 m Höhe. Wochenstuben kom-

Alpenlangohr *Plecotus macrobullaris* *Foto: D. Nill*

men auch in niedrigeren Lagen zwischen 300–600 m vor. Alle bisher gefundenen Sommerquartiere, Wochenstuben wie Männchenquartiere, befanden sich auf Dachböden von schiefer-, stein-, holzschindel- oder metallgedeckten Gebäuden, oft in Kirchen. Einzelne Winterquartiernachweise sind aus Höhlen bekannt. In den Wochenstuben mit bis zu 30 Weibchen werden die Jungen im Juni geboren. Obwohl über die Lebensweise der Art wenig bekannt ist, dürfte sie der anderer Plecotus-Arten weitgehend entsprechen.

Sardisches Langohr

Plecotus sardus MUCEDDA, KIEFER, PIDINCHEDDA & VEITH, 2002
Sardinian long-eared bat (engl.), Oreillard sarde (frz.)

Mittelgroße Langohrart. KRL 46–55,2, Sl 41–53,5, Ual 39,6–46,0 Ol 34–40,4, Tl 16–19, Tb 5,5–6,0, Dl 6,5–8,2, Dkr 2,0–2,8, Hfl 8,5–9, G 6–11 (im Herbst: 7–8).

Mit braunem bis graubraunem Rückenfell und cremefarbig grauweißem, deutlich von der Oberseite abgesetztem Bauch. Ohren und Tragus sind hellbraun bis fleischfarben und an der Basis aufgehellt. Das Sardische Langohr hat im Vergleich zu den anderen Langohrarten den längsten Tragus. Helles, rötlich braunes Gesicht ohne dunkle Maske um die Augen. Sehr kurze, behaarte Zehen. Zylindrisch geformter Penis, der sich nur an der Spitze verjüngt.

Verbreitung: Kommt endemisch auf Sardinien vor und ist dort bisher nur in tieferen Lagen (50–250 m ü. NN) nachgewiesen.

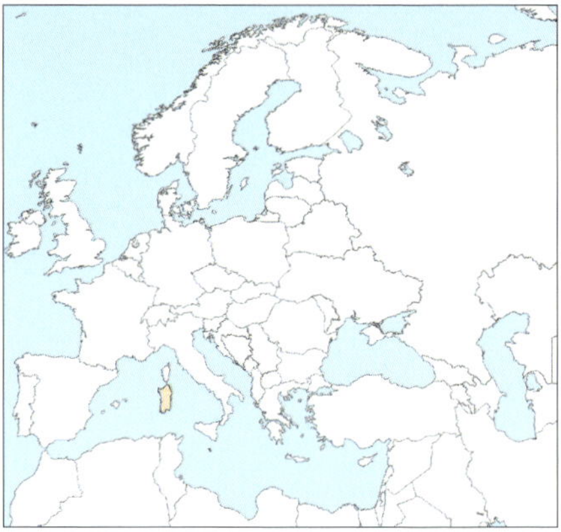

Lebensweise: Die Art lebt in Gebieten mit Stein- und Korkeichenwäldern sowie Olivenhainen. Die bisher entdeckten Quartiere fanden sich in Karsthöhlen, Spalten unter Straßenbrücken, in Tunneln, im Inneren von Staudämmen und auf Dachböden. Zwei Wochenstubenquartiere umfassten einmal ein Dutzend, im anderen Fall etwa 200 Tiere.

Sardisches Langohr *Plecotus sardus* *Foto: D. Nill*

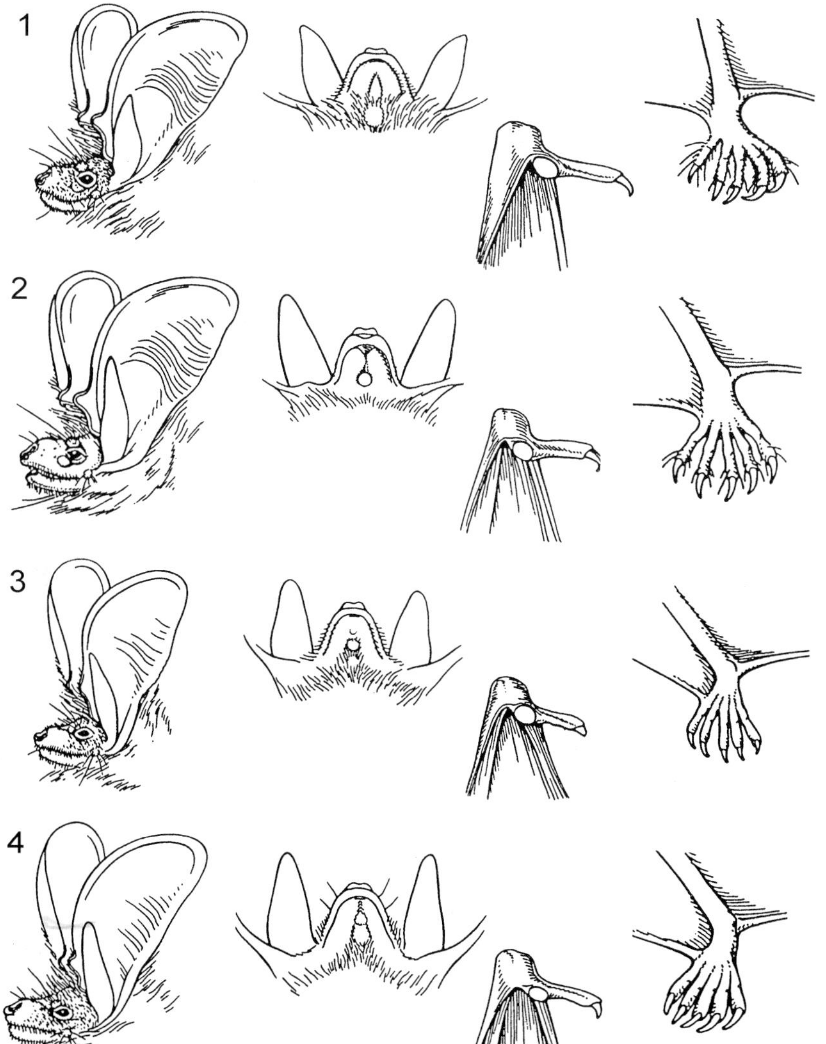

Unterscheidungsmerkmale von Braunem (1), Alpen- (2), Balkan- (3), Grauem Langohr (4): Schnauzenform, Lage und Ausprägung Gesichtsdrüsen, Kinn, Daumen, Hinterzehe im Vergleich. Nach Spitzenberger et al. (2002).

Kanarenlangohr, Kanaren-Langohr

Plecotus teneriffae BARETT-HAMILTON, 1907
Canary Long-eared Bat (engl.), Oreillard de Tenerife (frz.)

Große Langohrart. KRL 46–57, Sl 46–52, Ual 40,1–46, Ol 39–41, Dl 6,0–6,7. Mit dunkel-graubrauner Rückenfärbung, die stark zur weißgrauen Bauchseite kontrastiert. Ohren und Tragus bis auf die Basis gleichmäßig grau.

Verbreitung: Endemisch auf den Kanaren mit Nachweisen auf Teneriffa, La Palma und El Hierro; wahrscheinlich auch auf Madeira.

Lebensweise: Kanaren-Langohren kommen in allen Höhenlagen bis 2.300 m ü. NN vor und besiedeln die unterschiedlichsten Habitate, von Lorbeer- über Kiefernwälder bis Zwergstrauchheiden. Die wenigen Quartierfunde fanden sich in Vulkanhöhlen, Felsspalten und Gebäuden. Die maximale Wochenstubengröße lag bei 37 Weibchen. Junge werden wohl im Juni geboren. Ab September sind die Männchen paarungsbereit. Die Beute wird langohrtypisch im Flug erjagt oder von der Vegetation abgesammelt. Neben Nachtfaltern, vor allem Eulenfaltern, werden auch Bockkäfer verspeist.

Genetische Untersuchungen lassen darauf schließen, dass zwischen den Inselpopulationen nur ein sehr geringer Austausch besteht.

Zweifarbfledermaus

Vespertilio murinus LINNAEUS, 1758
Parti-coloured bat (engl.), Sérotine bicolore (frz.)

Ortungslaute: Bis zu 20 ms lang, anfangs frequenzmoduliert und am Ende nahezu konstantfrequent mit einer Endfrequenz von 22–25 kHz. Hauptfrequenz bei 25 kHz; Entlang von Waldrändern; Nasser Laut, ähnlich dem der Breitflügelfledermaus, etwas langsamer.

Robuste, mittelgroße Art. KRL 48–64, Ual 40,8–50,3, Ol 14,5–18,8, Sl 37–44,5, G 12–23, FS 270–310. Kurze, breite Schnauze. Kurze Ohren, die nach vorn umgeschlagen kaum die Schnauzenspitze erreichen. Stumpfer Tragus; kurz, aber abgerundet. Männchen mit langem (7–8 mm), einheitlich dünnen Penis. Weibchen als einzige Fledermausart Europas mit vier Milchzitzen. Recht schmale, spitze Flügel, die einen schnellen, geradlinigen Flug ermöglichen. Dichtes, langes, lockeres Fell. Auf der Körperoberseite schwarzbraun mit silberweißen Spitzen. Dadurch entsteht das für Zweifarbfledermäuse charakteristische bereifte Aussehen. Die behaarten Flughautanteile von Schwanz und Flügeln sind ebenfalls so gefärbt. Die Fellfarbe der Unterseite ist variabel und reicht von kontrastreich mit weißlich-beiger Kehle, einem ebenso hellen Hinterende und dazwischen dunklen Bauchteil bis hin zu einer einheitlich bräunlichen Unterseite.

Verbreitung: Das Verbreitungsmuster der Art ist kompliziert: Europa vom östlichen Frankreich bis 60°N über Russland bis Sibirien, China, Korea. In Mittel- und Südeuropa treten saisonal wandernde Tiere auf bzw. gibt es lokale Vorkommen von Fortpflanzungskolonien. Zudem zeigt die Art eine Ausbreitungstendenz in Richtung NW.

Lebensweise: Die Zweifarbfledermaus gilt als typische Gebäude bewohnende Art. Sowohl Sommer- wie Winterquartiere befinden sich meist in Spalten an und in Gebäuden. Vereinzelte Nachweise in hohlen Bäumen oder Nistkästen liegen aus Osteuropa vor. Während sich die

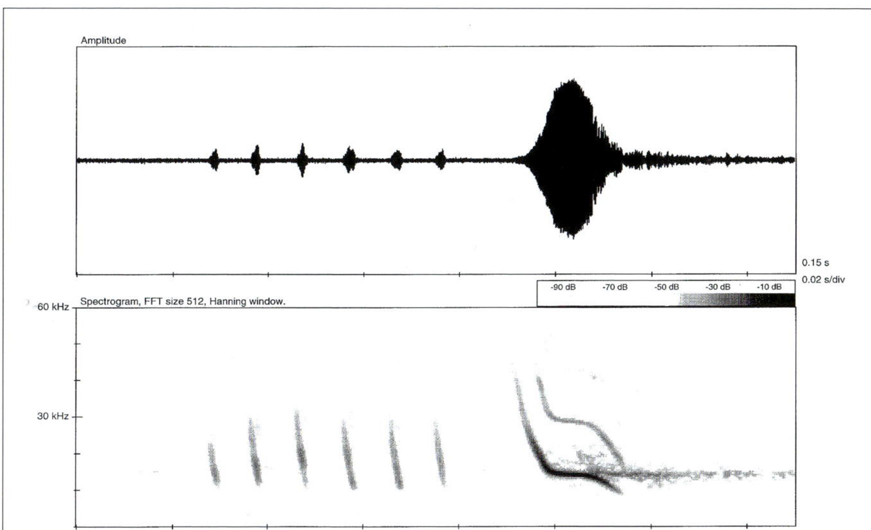

Balzruf (Gesang) während der Territorialflüge: FM-Laute, gefolgt von einem lauten Ton, der in einen echten CF-Teil übergeht und für uns hörbar ist. *I. Ahlén*

Zweifarbfledermaus *Vespertilio murinus*
Foto: A. Limbrunner (oben); C. Robiller/Naturlichter.de (unten)

Wochenstuben meist in niedrigen Häusern in ländlicher Lage befinden, werden als Balz- und Winterquartiere regelmäßig sehr hohe Gebäude, teilweise in den Innenstädten von Großstädten, aufgesucht. Dabei wurden balzende Tiere noch Mitte Dezember beobachtet, weshalb die Art als kältetolerant gilt.

Als Jagdgebiete bevorzugt die Zweifarbfledermaus offene Landschaften und Gewässer, aber auch Wälder. Im Spätsommer und Herbst wird sie auch um Straßenlaternen herum jagend angetroffen. Der Jagdflug findet in mittlerer bis großer Höhe (10 > 40 m).

Wanderungen: Bezüglich des Zugverhaltens der Zweifarbfledermaus gibt es Unsicherheiten. Während für einzelne Populationen keine Hinweise auf Wanderungen bestehen, sind andernorts Fernwanderungen bis zu 1.440 km beschrieben.

Langflügelfledermaus

Miniopterus schreibersii (KUHL, 1817)
Schreiber's bent-winged bat (engl.), Minioptère (de Schreibers) (frz.)

Ortungslaute: Bis zu 15 ms lang, anfangs frequenzmoduliert und am Ende nahezu konstantfrequent; Hauptenergie bei 49–55 kHz; Lautanfang 55–75, Lautende bei ca. 52 kHz.

Langflügelfledermaus *Miniopterus schreibersii* *Foto: A. Limbrunner*

Langflügelfledermaus *Miniopterus schreibersii* *Foto: C. Robiller/Naturlichter.de*

Mittelgroße Art mit graubraunem, seidigen Fell und langen schmalen Flügeln. KRL 48–65, Sl 47–66, Ual 42,4–49,8, Ol 8–13,5, G 9–16, FS 305–342.

Die Flügelspitzen werden in Ruhe eingefaltet. Breite, kurze Schnauze ohne Drüsenhügel. Kurze, abgerundete Ohren, die weit voneinander getrennt sind und die aufgewölbte Stirn mit ihrer Behaarung kaum überragen. Schmaler Tragus mit stumpfem Ende, der etwa die halbe Ohrhöhe erreicht.

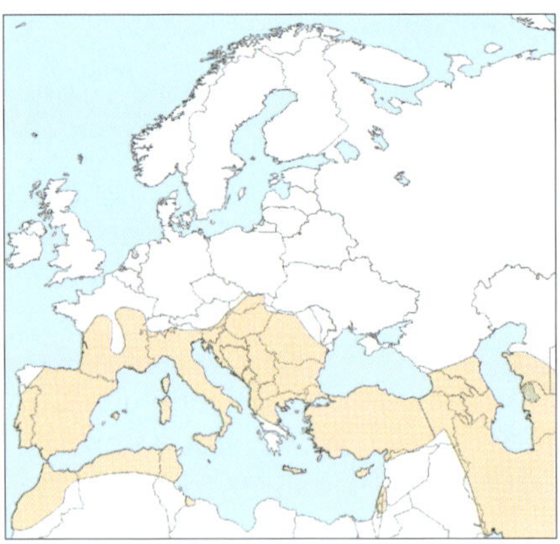

Verbreitung: S-Europa im gesamten Mittelmeerraum und allen großen Mittelmeerinseln. Nördliche Verbreitungsgrenze führt durch Zentralfrankreich, SW-Deutschland (Kaiserstuhl, hier inzwischen ausgestorben), W-Schweiz, N-Italien, Slowenien, südöstliches Österreich, Slowakei, Rumänien, Ukraine. Sehr weit verbreitet, auch in NW-Afrika, im Kaukasus, in China, Japan, Australien, S-Afrika.

Lebensweise: Wärmeliebende Art, die das gesamte Spektrum mediterraner Landschaften besiedelt, jedoch laubwaldreiche Gebiete bevorzugt. Quartiere finden sich meist in

Höhlen, seltener auf Dachböden, wobei die Wochenstuben bis zu 10.000 Weibchen, Winterquartiere bis zu 70.000 Tiere umfassen können. Die Tiere hängen in den Wochenstuben in großen Clustern an der Decke. Nichtreproduktive Weibchen und die Männchen bilden im gleichen Quartier oder einer benachbarten Höhle separate Kolonien. Geburten finden je nach Region Ende April/Mai oder im Juni statt. Im Gegensatz zu den anderen europäischen Fledermäusen wird die Eizelle sofort nach der Begattung befruchtet. Sie nistet sich dann aber erst nach dem Winterschlaf ein. Die Weibchen gebären ein Junges. Wenn die Mütter zum Jagen ausfliegen, bilden die Jungen auffällige Cluster im Quartier. Etwa ½ Stunde nach Sonnenuntergang starten Langflügelfledermäuse zur Jagd. Sie fliegen schnell und ungewöhnlich manövrierfähig unterhalb des Kronendachs von Laubwäldern, über Gewässern und um Straßenlaternen, um dort hauptsächlich nach Nachtfaltern, Netz-, Zweiflüglern und anderen Fluginsekten zu jagen. Ihre Jagdgebiete erreichen sie über Flugstraßen wie Wege oder Schneisen, entlang derer sie in 1–2 m Höhe über Boden und 2 m Abstand zur Vegetation fliegen.

Wanderungen: Zwischen Sommer- und Winterquartieren werden regelmäßige Saisonwanderungen von meist 40–100 km Entfernung zurückgelegt. Die längsten Überflüge betrugen 422, 524 und 833 km. Der Bestand in den Sommer- und Winterquartieren schwankt oft von Jahr zu Jahr sehr stark. Das deutet darauf hin, dass zwischen einzelnen Quartierhöhlen wohl ein reger Austausch besteht.

Familie: Molossidae (Bulldogfledermäuse)

Europäische Bulldoggfledermaus

Tadarida teniotis (Rafinesque, 1814)
European free-tailed bat (engl.), Molosse de Cestoni (frz.)

Ortungslaute: Nahezu konstantfrequent, Hauptenergie bei 10–14 kHz; 2 Ruftypen: Typ 1: 9–11 kHz Endfrequenz, Typ 2: 13–15 kHz Endfrequenz, Länge meist 450–550 ms, auch bis 900 ms.

Große Art mit sehr breiten, fleischigen Ohren, die zur Schnauze hin gerichtet sind und vorne an ihrer Basis fast verwachsen. KRL 81–92, Sl 37–57, Ol 25–31, Hf 10–12,5, Ual 57–64, FS 400–450, G 22–54.

Kurzer, breiter Tragus, der hinter dem Antitragus verborgen ist. Große Augen, lange Schnauze mit wulstiger, dehnbarer Oberlippe, auf der sich

Europäische Bulldoggfledermaus *Tadarida teniotis* *Foto: A. Limbrunner*

vertikale Furchen und starke Haare und Borsten finden. Lange, schmale Flügel. Dicker, fleischiger Schwanz, der in Ruhehaltung etwa in seiner halben Länge von der Schwanzflughaut eingeschlossen ist. Flughäute weich und dicht. Die Fellfärbung variiert von aschgrau bis gräulich-braun und ist auf der Bauchseite heller. Die Flughäute sind kaum behaart.

Verbreitung: Gesamter Mittelmeerraum, Kleinasien, Kaukasus, Naher Osten bis Indien, S-China und Indonesien. In Europa von N- bis S-Frankreich, S-Schweiz, Kroatien, Bosnien-Herzegowina, Serbien, Bulgarien. Einzeltiere auch bis in die N-Schweiz, S-Deutschland und auf der Kanalinsel Jersey. In N-Afrika auch südlich der Sahara.

Lebensweise: Bulldoggfledermäuse kommen in mediterranen Lebensräumen in fast allen Höhenlagen bis deutlich über 2.000 m vor, bevorzugt in gebirgigen Landschaften oder an Küsten. Als typische Spaltenbewohner beziehen sie etwas über daumendicke Spalten in 20–40 m Höhe in Felsen, ersatzweise auch Dehnungsfugen hoher Brücken oder Spalten an Fassaden von hohen Gebäuden.

Europäische Bulldoggfledermaus *Tadarida teniotis* *Foto: T. Pröhl/fokus-natur.de*

Europäische Bulldoggfledermaus *Tadarida teniotis* *Foto: A. Limbrunner*

In Ausnahmefällen werden auch Stammrisse einzeln stehender, hoher Bäume bezogen.

Die Wochenstuben umfassen meist 5–50 Tiere, gelegentlich bis zu 400. Außerhalb der Wochenstubenzeit bilden Bulldoggfledermäuse gemischte Kolonien. Während der Wochenstubenzeit ziehen sich die Männchen dann meist einzeln in Spalten zurück. Die Weibchen gebären ein Junges ab Ende Juni, teilweise bis Ende August. Balz und Paarung erfolgen im Herbst oder im April. In dieser Zeit verströmen die Männchen einen starken Maggi-Duft. Gegenüber Geschlechtsgenossen verhalten sie sich dann aggressiv, bilden mit bis zu neun Weibchen Harems und fallen durch ihr „Singen" in den Abendstunden auf.

In hohem, geradlinigen Flug jagen sie nach Sonnenuntergang im freien Luftraum über Wäldern, Kulturlandschaften (Olivenhainen, Obstplantagen), Städten und Gewässern nach Schmetterlingen, Käfern und Netzflüglern. Die Jagdflüge können weitab vom Quartier (bis zu 20–100 km Entfernung) und bis zu zehn Stunden ohne Pause stattfinden. Bei hohen Insektendichten jagen manchmal bis zu 25 Tiere gemeinsam und teilweise in Höhen bis 300 m. In ihrer Jagdstrategie und den Jagdflügen erinnern Bulldoggfledermäuse etwas an Mauersegler.

Wanderungen: Bulldoggfledermäuse sind weitgehend ortstreu. Die Quartiere werden bis in eine Entfernung von 30 km gewechselt. Der Winterschlaf ist nur sehr kurz und dauert an der nördlichen Verbreitungsgrenze gerade einmal bis zu acht Tage.

Beobachtungsmöglichkeiten und -methoden

Während im Artteil alle für Europa beschriebenen Fledermausarten vorgestellt werden, beziehen sich die Beobachtungstipps auf mitteleuropäische Verhältnisse. Im Folgenden werden nach einem Überblick zum Jahresverlauf die Feldkennzeichen unserer Fledermäuse sowie Beobachtungsmethoden vorgestellt.

Nicht für alle Fledermausarten typisch: dichte Trauben des Großen Mausohrs im Wochenstubenquartier auf einem Dachboden. *Foto: A. Limbrunner*

Das Fledermausjahr

Fledermaus-Frühling

Nach dem langen Winterschlaf haben die Fledermäuse ihre Winterquartiere verlassen und sind in ihre Sommerquartiere umgezogen. Von dort aus fliegen sie allnächtlich in ihre Jagdgebiete, um mit akrobatischen Flugmanövern an ihre Insekten- und Spinnenbeute zu gelangen. So vielfältig die Arten, so unterschiedlich sind auch ihre Jagdstrategien und Vorlieben für bestimmte Jagdgebiete und Beutetiere. Die Beute kann mit der Flughaut gekeschert, mit den sehr beweglichen Fingern zum Mund geschnipst, in der Schwanzflughaut als „Tischersatz" oder an speziellen Fraßplätzen hängend verzehrt werden. Jetzt können wir, ausgerüstet mit einem „Bat-Detektor", die Nachtflieger auf ihren Beuteflügen begleiten und dabei einiges über Art(en) und Lebensweise(n) von ihnen erfahren. Durch Anlegen von Fledermaus-Beeten im Garten oder die richtige Balkonbepflanzung, helfen wir Fledermäusen satt zu werden und schaffen uns zudem bequeme Beobachtungsmöglichkeiten.

Fledermaus-Sommer

Der Sommer ist Zeit des Gebärens, der Jungenaufzucht und des dadurch erhöhten Energiebedarfs. Fledermausweibchen gehen sehr fürsorglich mit ihren Einzelkindern oder Zwillingen (bei Zweifarbfledermäusen auch Drillingen oder Vierlingen) um. Das Mitnehmen der flugunfähigen Babys als „Traglinge" wäre bei der nächtlichen Insektenjagd ein echtes Handicap. Da ist es sinnvoller, die Kleinen in ganzen Gruppen im Wochenstubenquartier zurückzulassen. Ähnlich wie bei anderen Säugetierarten, brauchen die ganz Kleinen sehr häufig die mütterliche Milchquelle. Quartiernahe Jagdgebiete, aus denen Fledermausweibchen kurzzeitig und gut gesättigt zum Säugen in die Wochenstube zurückkehren können, sind deshalb für Mutter und Kind von Vorteil. Jetzt ist die ideale Jahreszeit für das Entdecken von Wochenstubenquartieren. Ausflugzählungen können ohne Störung der Tiere gemacht werden und geben Hinweise über die Koloniegröße. Auch Kotkrümel liefern wichtige Indizien für die Artzugehörigkeit der Quartierbewohner. Jetzt gilt es, die menschlichen Quartierbesitzer vom Schutz ihrer heimlichen Untermieter zu überzeugen. Quartierbetreuer sind gefragt! Natürlich eignen sich die lauen Sommernächte auch hervorragend zum Beobachten der Nachtjäger. Jetzt können die im Frühjahr erworbenen Erfahrungen beim Fledermausbeobachten vertieft werden.

Fledermaus-Herbst

Im Herbst ziehen praktisch alle unsere Fledermausarten in andere Quartiere um. Einige unternehmen dabei größere Wanderungen. Die „Umzüge" beginnen mit dem Selbständigwerden der Jungtiere und reichen von „Erkundungsflügen" bis zu „Fernreisen". Jetzt ist auch die „Hoch"-Zeit der Fledermausmänner. Beim Großen Mausohr bekommen die Männchen nächtens regelmäßig Besuch von Fledermausweibchen. Für die Männchen von Spalten- und Baumhöhlen bewohnenden Arten reicht das Warten auf Weibchen nicht aus: Abendsegler locken aus ihrem Quartier heraus singend die Geschlechtspartnerinnen an. Bei Zweifarbmännern gehört auch das „Schaufliegen" um Felszinnen, ersatzweise um Kirchtürme, zur Balz. Besonders die Jungtiere erkunden jetzt jeden potenziellen Unterschlupf, vor allem auch im Hinblick auf Winterquartier-Tauglichkeit. Dabei verfliegen sich Zwergfledermäuse leicht einmal in menschliche Wohnräume. Manche Arten suchen beim Erkunden in großen Trupps immer wieder sogenannte „Schwärmquartiere" auf, die sie an- und umfliegen. Auch das Wandern über Hunderte von Kilometern zu den Winterquartieren ist im Herbst für manche Fledermäuse arttypisch. Nach dem Verlassen der Sommer- und Wochenstubenquartiere gilt es, die Fledermausquartiere zu erhalten (vor allem bei anstehenden Renovierungen) und eventuell sogar zu verbessern. Es lohnt sich, für einige Arten auch neue Quartiere zu schaffen.

Das Gitter am Stolleneingang in ein ehemaliges Bergwerk schützt die Fledermäuse vor menschlichen Störungen während ihres Winterschlafs; hier begleiteten die beiden Jungs den Autor bei seinen Winterquartierkontrollen in Mittelhessen.
Foto: K. Richarz

Fledermaus-Winter

Die nahrungsarme Jahreszeit verbringen fast alle europäischen Fledermäuse in dafür geeigneten Winterquartieren in arttypischer Weise und unter Ausnutzung aller Energiesparmaßnahmen. Manchmal atmen die Tiere im Tiefschlaf nur einmal pro Stunde. Trotzdem sind sie nicht völlig bewegungslos. In einer kurzen Schlafunterbrechung wird die Schlafposition verändert. Wenn es den Tieren am Schlafplatz zu kalt oder zu warm wird, suchen sie innerhalb des Quartiers eine günstigere Schlafstelle. Wasserfledermausmännchen nutzen den Tiefschlaf ihrer Weibchen gelegentlich zum „erschlichenen Beischlaf“. Die Paarungsbereitschaft der Fledermaus-Weibchen ist für den Fortpflanzungserfolg nicht unbedingt erforderlich: Die Spermien ruhen nach der Kopulation im weiblichen Geschlechtstrakt (Uterus), um erst beim Eisprung im Frühjahr wieder aktiv zu werden und das „Rennen“ um die Befruchtung der Eizelle aufzunehmen („Sperma-Konservierung“). Dies gilt mit Ausnahme der Langflügelfledermäuse für alle europäischen Fledermausarten. Wenn die Fettreserven zur Neige gehen und warme Winternächte anstehen, versucht manche Fledermaus sogar im Winter ihr Jagdglück.

Feldkennzeichen von Fledermäusen (heimische Arten)

Weil wir sie häufig nur wenige Augenblicke und dazu meist bei ungünstigen Lichtbedingungen beobachten können, ermöglicht oft erst die Kombination verschiedener Merkmale die Feldbestimmung von fliegenden Fledermäusen.

Während sich früh fliegende Arten beim Ausflug aus ihrem Quartier, dem Flug ins Jagdgebiet und beim Jagen relativ gut beobachten lassen, treten bei spät ausfliegenden eine Reihe von Schwierigkeiten auf. Die Tiere können schwer zu entdecken sein, weil:

- sie dicht über dem Boden fliegen (Mausohren, Langohren, Bechsteinfledermäuse),
- sie an und in dichter Vegetation jagen (Langohren, Bechstein-, Fransen-, Wimperfledermäuse),
- sie im Detektor auch über geringe Distanzen (3–5 m) nur ausgesprochen leise bzw. überhaupt nicht zu hören sind (Langohren-, Bechstein-, Fransen-, Wimperfledermäuse).

Deshalb sollten für eine Fledermausexkursion zunächst Stellen ausgesucht werden, an denen sich die Tiere vor einem hellen Hintergrund befinden. Hier beobachtet man vom Dunkeln ins Helle blickend (z. B. Waldränder, Lücken im Kronendach, Waldlichtungen, Waldwege mit offenem Kronendach, Waldgewässer). Günstig für eine Bestimmung ist es, wenn sich Fledermäuse über einen längeren Zeitraum regelmäßig beobachten lassen. Geeignete Gebiete, die für mehrere Arten als Jagdareal in Frage kommen und gleichzeitig gut zu überschauen sind, können sein: Gewässer, Waldränder, Waldwege, Waldlichtungen. Der Einsatz von Scheinwerfern kann bei der Feldbestimmung hilfreich sein. Weil sich Fledermäuse von bewegtem Weißlicht offensichtlich gestört fühlen, sollten die Scheinwerfer mit Rotlichtfolien überzogen werden.

Erscheinungszeitpunkt

Einige Arten fliegen deutlich früher als andere aus ihren Quartieren. Ihr Auftauchen kann ein Arthinweis sein. Zu den früh ausfliegenden Arten gehören der Große Abendsegler, die Breitflügelfledermaus und die Zwergfledermaus, die Mitte Juli ab ca. 22.00 Uhr, Mitte August ab ca. 21.00 Uhr zu beobachten sind. Später ausfliegende Arten wie die Wasserfledermaus und das Große Mausohr tauchen Mitte Juli ab ca. 22.45 Uhr, Mitte August ab ca. 21.45 Uhr auf.

Größe der Fledermäuse

Der Größenvergleich fliegender Fledermäuse mit bekannten Vogelarten kann bei der Arterkennung hilfreich sein. Zu den Fledermäusen, die etwa die Größe von Mauerseglern oder Staren erreichen, zählen der Großer Abendsegler, die Breitfügelfledermaus und das Große Mausohr. Schwalben- oder Sperlingsgröße erreichen die Wasser-, Fransen- und Bechsteinfledermaus sowie Bartfledermäuse und Langohren.

Silhouette

Eine staren- oder mauerseglergroße Fledermaus mit lang ausgezogenen, mauerseglerähnlichen Flügeln und einer keilförmigen Schwanzflughaut ist wahrscheinlich ein Abendsegler. Ein gleichgroßes Tier mit breiten Flügeln und einer zipfligen Schwanzflughaut könnte eine Breitflügelfledermaus sein. Letztere schlägt ihre Flügel beim Flug nicht bis unter den Körper durch und besitzt damit eine deutlich geringere Flügelschlagamplitude als der Große Abendsegler, dessen Flügelschlag bis weit unter den Körper reicht. Ragen in der Flugsilhouette die Ohren deutlich über den Kopf hinaus, haben wir wahrscheinlich Bechstein- oder Langohrfledermäuse vor uns.

Flugraum und -verhalten

Da eine Fledermausart mehrere Jagdstrategien haben kann, ist eine Artbestimmung nach Jagdgebiet und -verhalten nur sehr eingeschränkt möglich. Wasserfledermäuse, Mausohren und Langohren fliegen z. B. dicht über Gewässern, dem Boden oder entlang der Vegetation. Andere wie der Große Abendsegler jagen im offenen Luftraum oder in Baumkronenhöhe. Einen unkalkulierbaren, hektischen Bogen- und Schleifenflug zeigt die Zwergfledermaus, während die Breitflügelfledermaus in gleichmäßigen, sich wiederholenden Bahnen fliegt.

Fledermausdetektoren

Detektortypen

Es gibt drei verschiedenen Verfahren, mit denen Ultraschallsignale in den hörbaren Bereich gewandelt werden können. In den hochwertigeren Detektoren sind sie auch miteinander kombiniert.

Heterodyn-Prinzip (Mischer): Die empfangenen Ultraschallsignale der Fledermaus werden mit einer vom Detektor selbst erzeugten Schwingung gemischt. Verstärkt und hörbar gemacht wird die Schwingung, deren Frequenz dem Frequenzunterschied zwischen dem empfangenen Signal und der eingestellten Schwingung entspricht. Der Mischerdetektor macht, je nach eingestellter Frequenz, ein bestimmtes Frequenzfenster hörbar, in dessen Mitte die eingestellte Frequenz liegt.

Vorteil: Mischerdetektoren sind relativ empfindlich. Die Rufe werden klangvoll und charakteristisch hörbar, der Rhythmus der Signale ist in Echtzeit zu hören.

Nachteil: Die Amplituden- und Frequenzinformationen gehen verloren. Die Frequenzinformation ist nur aus dem eingestellten „Frequenzfenster“ am Detektor zu entnehmen. Dieses Verfahren ist nicht für die Lautanalyse am PC geeignet. Außerdem können Signale außerhalb des „Fensters“ nicht gehört werden, was durch ständiges Abfahren der Frequenz ausgeglichen werden muss.

Frequenzteilungsverfahren: Die Frequenz des Ultraschallsignals wird elektronisch so aufgearbeitet, dass nur etwa jede zehnte Schwingung wiedergegeben wird. Ruffolgen und -rhythmen sind bei diesem Verfahren in Echtzeit zu hören. Zur Bestimmung der Hauptfrequenz muss jedoch auf den Mischermodus umgeschaltet werden.

Vorteil: Das gesamte von Fledermäusen genutzte akustische Spektrum wird gleichzeitig hörbar gemacht.

Nachteil: Die Informationsdichte ist um das Zehnfache geringer, Details in den Rufen gehen verloren. Dennoch lassen sich mit dem Teiler aufgezeichnete Signale relativ gut im Labor auswerten.

Rufdehnungsverfahren: Das Signal wird zunächst elektronisch gespeichert. Dabei werden die Signalfolgen digitalisiert in RAM-Speichern abgelegt und dann mit zehnfach verlangsamter Geschwindigkeit wiedergegeben.

Vorteil: Die Signale werden gedehnt, dabei bleiben alle Frequenz- und Amplitudeninformationen erhalten. Zeitdehnungsaufnahmen eigenen sich besonders gut für die Lautanalyse am PC, spektroskopische Auswertungsverfahren und deren graphische Darstellung.

Nachteil: Der Rhythmus einer Rufsequenz ist nur schwer herauszuhören, deshalb werden „Zeitdehner" mit einem Teiler- oder Mischermodus ausgerüstet. Neuerdings ist der Detektor D240X mit einer Funktion ausgestattet, über die gespeicherte Signale im „Heterodyn-Modus" wiedergegeben werden können.

Methoden beim Detektor-Einsatz

Selektiv-Methode für Arten: Die unterschiedlichen Biotoptypen eines Gebietes werden auf das Vorkommen einer bestimmten Fledermausart untersucht. Dazu wird der Frequenz-Einstellknopf des Detektors in dem für die betreffende Art charakteristischen Bereich fixiert. So können die bevorzugten Jagdbiotope einer bestimmten Art identifiziert werden.

Selektiv-Methode für Biotope: Alle Biotope eines bestimmten Typs werden innerhalb eines Gebietes (z. B. Messtischblatt) aufgesucht. Die dort vorkommenden Fledermäuse werden protokolliert. Dadurch lassen sich Aussagen über wichtige Fledermaus-Jagdreviere in einem Gebiet machen. So kann z. B. das Jagdgebiet und -verhalten von Wasserfledermäusen an einem Flusslauf von mehreren, mit Detektor, Taschenlampe und ggf. Funksprechgerät ausgerüsteten Personen untersucht werden.

Such-Methode für Quartiere: Besetzte Höhlenbäume können an den lauten Sozialrufen vom späten Nachmittag an mit Detektor festgestellt werden (die Soziallaute sind teilweise auch mit bloßem Ohr hörbar). Es kann aber auch ein fledermausverdächtiges Gebäude (z. B. alte Kirche) oder kleines Waldstück von mehreren Personen mit Detektor umstellt und auf ein- oder ausfliegende Tiere überprüft werden.

Gitterpunkt-Methode: Über ein Gebiet wird auf der Karte ein Gitternetz gelegt. An den Kreuzungspunkten des Gitters werden im Gelände – soweit erreichbar – jeweils über eine bestimmte Zeit (z. B. 5 oder 10 Minuten) Detektoruntersuchungen durchgeführt. Damit lässt sich einigermaßen repräsentativ ein Überblick über die Fledermausfauna dieses Gebietes erzielen.

Linientransekt-Methode: Eine bestimmte Strecke (z. B. ein Rundweg) wird mit Detektor zu Fuß, mit dem

Ein Profi bei Lautaufnahmen und -analysen mit Hilfe des Detektoreinsatzes.
Foto: T. Stephan

Fahrrad oder dem Auto nach Fledermäusen abgesucht. Regelmäßige Wiederholungen vermitteln einen Eindruck über die jahreszeitliche Aktivität der Tiere.

Am besten teilen sich zwei oder weitere Personen die Geländearbeit, wobei neben dem Detektor-Beobachter einer für das Protokoll und ein zweiter für die Sichtbeobachtungen (mit Taschenlampe) zuständig ist. Für eine spätere Auswertung sind neben der Artangabe folgende Daten festzuhalten: Datum, Uhrzeit, genauer Ort, Biotopbeschreibung, Wetter, auffälliges Verhalten, oberste und unterste Frequenz des Rufes, Frequenz der höchsten Intensität.

Nur für Profis: Weitere Methoden bei der Fledermauserforschung

Wie wir inzwischen wissen, sind Einblicke in die nächtliche Lebensweise dieser Flugkünstler ungeheuer faszinierend, aber auch äußerst schwierig. Um beispielsweise am Leben der Vögel teilhaben zu können, reichen oft Geduld, eine gute optische Ausrüstung und ein gutes Gehör. Sehr viel eher als bei den meisten tagaktiven Vogelarten, müssen dagegen Fledermausforscher bei ähnlichen Fragestellungen zur Lebensweise „ihrer“ Tiere unterschiedliche Methoden einsetzen. Weil dazu die Fledermäuse gefangen, untersucht, „ausgerüstet“ oder in ihren Quartieren aufge-

Zur sicheren Bestimmung von Fledermäusen ist oft auch die arttypische Bezahnung ein wichtiges Diagnosemerkmal; Fang und Untersuchung bleiben Profis vorbehalten und setzen eine Ausnahmegenehmigung vom geltenden Bundesnaturschutzgesetz voraus. *Foto: T. Stephan*

sucht werden müssen, sind für alle diese Methoden Ausnahmegenehmigungen von den geltenden Naturschutzgesetzen notwendig. Über die Ausnahmegenehmigungen entscheiden die zuständigen Naturschutzbehörden der Länder (Untere/Obere Naturschutzbehörden). Nur Fledermausexperten und -forscher, deren Untersuchungen zum besseren Schutz der Fledermäuse beitragen, erhalten in der Regel solche Genehmigungen. Oft sind die Fledermausforscher aber dankbar, wenn sie bei ihrer Arbeit Mithilfe von Fledermausfreunden bekommen. Um Informationen über Wanderungen und Lebensweisen zu erhalten, wurden und werden Fledermäuse beringt. Früher wurden die Tiere dazu hauptsächlich in ihren Winterquartieren aufgesucht. Heute fangen die Beringer die Fledermäuse meist mit Netzen auf ihren Flugrouten, vor den Sommerquartieren oder beim „Schwärmen" an „Rendevouzplätzen" und vor Winterquartieren. Zur Markierung wird den Fledermäusen eine Aluminium-Klammer so an den Unterarm angelegt, dass sie noch frei verschiebbar ist. Die Klammern werden von Beringungszentralen ausgegeben, sind mit einer Ringnummer und Kurzanschrift versehen und so leicht (0,10–0,19 Gramm), dass sie die Tiere in ihrem Flugvermögen nicht behindern. Die Auswertung der Beringungsergebnisse erfolgt über die Beringungszentralen. Neuerdings werden Fledermäuse auch mit Transpondern individuell gekennzeichnet (12 mm große, unter 2 mm breite Chips, die unter die Haut geschoben oder aufgeklebt werden und mit einem Lesegerät im Nahbereich abgelesen werden können).

Netzfang

Fledermäuse sind mit Hilfe ihres Echoortungssystems in der Lage, selbst kleinste Strukturen im Raum zu erkennen. Dennoch lassen sie sich unter Ausnutzung des Überraschungseffektes (d. h. wenn die Tiere nicht mit Hindernissen „rechnen", wie z. B. auf ihren angestammten Flugrouten oder vor dem Quartierausschlupf) mit feinmaschigen und dünnfädigen Nylon-Japannetzen fangen. Die Netze werden (mit 2–15 m Breite und 3–4,5 m Höhe) an potenziellen Flugwegen oder im Spätsommer/Frühherbst auch vor Winterquartieren aufgestellt. Mindestens zwei geübte Personen müssen die gestellten Netze dauernd überwachen, um jedes gefangene Tier sofort entnehmen zu können. Bei den Fänglingen kann das Geschlecht, das ungefähre Alter (adult/juvenil) und der Reproduktionszustand (z. B. säugende Weibchen anhand der Zitzen) festgestellt werden. Bei bereits beringten Tieren wird die Ringnummer abgelesen. Auch Parasiten im Fell der Tiere können zur Bestimmung abgesammelt werden. Außerdem hilft der Netzfang beim Nachweis akustisch schwer erfassbarer/unterscheidbarer Arten (z. B. Große/Kleine Bartfledermaus, Langohren). Nach der Untersuchung (evtl. auch Messen und Wiegen) werden die Tiere vor Ort wieder freigelassen. Neben Japannetzen werden manchmal zum Fledermausfang auch Handnetze (Schmetterling-

Der Netzfang ist eine gängige und oft unverzichtbare Methode zur sicheren Artbestimmung im Rahmen von professionellen Fledermausuntersuchungen.
Foto: T. Stephan

netze) oder sog. „Harfenfallen“ (die Fledermäuse fliegen gegen harfenartig gespannte Drähte und fallen in einen Fangbehälter) eingesetzt.

Telemetrie

Dabei werden die Tiere mit einem Sender versehen, dessen Signale von einem Empfänger geortet werden können. Mit dieser Methode werden Fledermäuse individuell beobachtbar. Die rund 0,5 g schweren Sender werden den gefangenen Tieren ins Rückenfell geklebt. Sie betragen etwa 5–7 % des Körpergewichts der Fledermaus, haben batteriebetrieben eine theoretische Lebensdauer von 2–3 Wochen, lösen sich jedoch meist schon nach einer Woche ab. Die Sender produzieren wie Funktürme elektromagnetische Wellen und können auf Distanzen zwischen 100 und 2.000 m empfangen werden. Ein Teil der sich kugelförmig ausbreitenden Wellen erreicht die Empfangsantenne, bringt sie in Schwingung und leitet so das Signal an den kofferradiogroßen Empfänger weiter. Der beste Empfang besteht dann, wenn Sender und Empfänger in Resonanz sind. Dabei wird auch die genaue Sendefrequenz angezeigt, wodurch jedes telemetrierte Tier einzeln zu erkennen ist. Die Richtung der Fledermaus erhält man durch Schwenken der Empfangsantenne. Sobald diese genau senkrecht zur einlaufenden Welle steht, ist das empfangene Signal am lautesten. Um die Entfernung zu messen, braucht man einen Helfer, der mit einem weiteren Empfänger das gesuchte Tier ortet und die genaue Richtung in Grad vom Kompass abliest und notiert. Die Fledermaus befand sich dort, wo sich die auf der Landkarte ermittelte Gerade mit der des Helfers schneidet (Methode der Triangulation). Mit der Telemetrie können Jagdgebiete und Aktionsräume einzelner Kolonien nachgewiesen werden. Die Flugwege, Aktivitätsrhythmik und Quartierwechsel einzelner Tiere werden erkennbar. Auch kann man sich schwer auffindbare Quartiere „zeigen lassen“ (Baumquartiere, Ausweich-, Zwischenquartiere, noch unbekannte Wochenstubenquartiere sehr seltener Arten).

„Knicklichter“

Um Informationen zum Jagdverhalten (Jagdhöhen, Nutzung von Strukturen) zu erhalten, werden manchmal gefangene Fledermäuse mit „Knicklichtern“ ausgestattet. Das sind im Anglerbedarf erhältliche, ca. 2–4 cm lange Plastikröhrchen mit 3–5 mm Durchmesser und 0,2 g Gewicht. Auf der Basis einer Enzymreaktion wird der flüssige Inhalt zum Leuchten (grün oder rot) gebracht, indem durch Knicken des Röhrchens eine innen liegende Kapsel aufgebrochen wird. Die temperaturabhängige Leuchtdauer beträgt ca. 4–5 Stunden. Mit wenig Kleber (z. B. Sekundenkleber) am Rücken der Fledermaus auf den Fellspitzen befestigt, kann das jagende Tier als „Leuchtpunkt“ direkt beobachtet werden. Spätestens nach einem Tag fällt das Knicklicht ab, oder wird von dem Tier abgekratzt. Auch der Einsatz von Nachtsichtgeräten kann beim Fledermausbeobachten sinnvoll sein.

Die Mopsfledermaus jagt auf langen, schmalen Flügeln. *Foto: A. Limbrunner*

Fledermaus-Lebensräume und deren Schutz

Wälder

Bedeutung: Alle regelmäßig bei uns auftretenden Fledermausarten nutzen den Lebensraum „Wald", wenn auch in unterschiedlich intensiver Form. Wochenstuben im Wald bilden regelmäßig: Bechstein-, Fransenfledermaus, Braunes Langohr, Abendsegler, Kleinabendsegler, Große Bartfledermaus, Wasserfledermaus, Mopsfledermaus, Rauhautfledermaus.

Von Kleiner Bartfledermaus, Wimperfledermaus, Mausohr, Zwerg- und Mückenfledermaus nutzen nur gelegentlich einzelne Individuen (zumeist Männchen) natürliche Baumquartiere. Wochenstuben im Wald scheinen für diese Arten die Ausnahme zu sein.

Wälder, Waldränder und Bestandslücken sind als Jagdgebiete und Nahrungsquellen für fast alle heimischen Fledermausarten regelmäßiger Bestandteil ihres Streifgebietes. In der Reihenfolge der abnehmenden Nutzungsintensität treten hier in Erscheinung: Bechsteinfledermaus (fast ausschließlich), Mausohr, Mopsfledermaus, Braunes Langohr, Rauhaut-, Fransen-, Große Bartfledermaus, Kleine Hufeisennase, Große Hufeisennase, Kleine Bartfledermaus, Kleinabendsegler, Wimper-, Breitflügel-, Wasserfledermaus, Graues Langohr, Nord-, Zwergfledermaus, Großer Abendsegler, Teich-, Zweifarbfledermaus.

Bei der Jagd verteilen sich die Fledermausarten auf alle „Stockwerke" (Straten) im Wald. Vom Luftraum oberhalb der Baumkronen bis hin zum offenen Waldboden werden alle Nischen zur Jagd genutzt.

Direkt am Waldboden in weitgehend vegetationsfreiem Buchenaltholz oder

Alte Bäume mit Höhlen sind als Quartierorte für einige Fledermausarten unverzichtbar; so auch diese Altbuche mit Stammrisshöhle, in der sich ein Abendsegler-Quartier befindet. *Foto: E. Fischer*

anderen hallenartigen Beständen und auf unbefestigten Waldwegen jagen das Große Mausohr, die Bechsteinfledermaus sowie das Graue und Braune Langohr.

Einige Arten haben sich darauf spezialisiert, Gliedertiere direkt von Blättern abzulesen (sog. Gleaner). Die Bechstein-, Fransen- und Wimperfledermaus sowie das Graue und Braune Langohr sammeln ihre Beutetiere an den Blättern von Pflanzen des Staudenbereiches entlang der Waldwege, der Stauden- und Krautschicht an Gewässern, der Strauchschicht am Waldrand, des Unterwuchses und des Kronenbereiches ab.

In unterschiedlichsten Höhen über Waldwegen, Gewässern und Lichtungen, häufig in geringem Abstand zur Vegetation, fliegen: Zwerg-, Rauhaut-, Wasser-, Große und Kleine Bartfledermaus, Kleiner Abendsegler, Mops-, Nord-, Zweifarb-, Fransen-, Bechstein-, Wimperfledermaus, Graues und Braunes Langohr, Großes Mausohr, Großer Abendsegler, Breitflügelfledermaus.

Arten, die in unterschiedlicher Höhe im offenen Luftraum über Wiesen, Feldern und Gewässern jagen, sind: Großer Abendsegler, Breitflügelfledermaus, Zweifarb- und Nordfledermaus.

Das Strukturangebot in einem Wald scheint der ausschlaggebende Faktor für die Vielfalt an Tierarten und damit auch an Fledermäusen zu sein. Die Beuteverfügbarkeit bzw. Beutemasse, die wiederum eng mit der

Stark gestufte, alte Laubwälder sind sowohl als Quartierorte wie auch als Jagdgebiete hervorragende Fledermauslebensräume. *Foto: E. Fischer*

Lichtdurchlässigkeit eines Waldes verknüpft ist, spielt ebenfalls eine wichtige Rolle. Sonnige, lichte Wälder fördern das Insektenleben. Im Verlauf einer natürlichen Waldentwicklung haben daher frühe und späte Entwicklungsphasen (Lücken nach Sturm, Alters- und Zerfallsphase) die höchsten Artendiversitäten. Ein Plenterwald mit dem Idealbild eines stark gestuften, altholzreichen und tief beschattenden Baumbestandes muss daher nicht unbedingt der optimale Biotoptyp für Arten sein, die auf Waldlückensysteme angewiesen sind. Wie für alle Arten gilt auch für Fledermäuse: die Artenzusammensetzung ändert sich mit den Waldentwicklungsphasen.

Grundsätzliche Entwicklungsziele für „Fledermauswälder" sind:

- Orientierung am Standort: Auswahl standortheimischer Baumarten in natürlicher Mischung
- Langfristiger Umbau von Nadelholzreinbeständen in standortgerechte Mischwälder oder Laubmischwälder
- Abwechslungsreiche Bewirtschaftungsweise; z. B. Plenterung dort, wo von der Baumartenzusammensetzung her möglich; Gewährenlassen von Sukzessionen nach Sturmwurf oder Baumernte; Nutzungsverzicht für einen Teil der Altbäume; entsprechend der Dynamik im Wald Veränderungen in der Baumartenzusammensetzung zulassen
- Strukturanreicherung im Wald durch Gewässer, blütenreiche Weg- und Waldränder, Lichtungen usw.

Wald und Umland im Verbund

Ein Forschungsprojekt zu Ökologie und Schutz von Fledermäusen in Wäldern zeigte an vielen Beispielen deutlich, dass die Einbindung und enge Verzahnung des Waldes, gleich welcher Ausprägung, in die und mit der sie umgebende(n) Landschaft möglicherweise von entscheidender Bedeutung für Fledermäuse ist.

Der Fledermausschutz im Wald darf sich deshalb nicht auf den Ausschnitt „Wald" allein beschränken, sondern muss die ganze Landschaft mit einbinden und als Gesamtheit sehen. Deshalb sind zu fordern:

Eine übergangslose Anbindung des Waldes an Strukturen in der freien Landschaft: Hecken, Knicks, Wallhecken, Baumreihen, Feldgehölze, Gebüschgruppen, Bäche mit Galeriewald und bachbegleitender Vegetation, Gräben, Tümpel, stufig aufgebaute Waldränder, Alleen, Streuobstbestände, Obstbaumreihen usw.

Solche Strukturen müssen als Verbundelemente zwischen isoliert liegenden Waldstücken unbedingt erhalten und dort, wo nicht mehr vorhanden, wiederhergestellt werden. Fast alle einheimischen Fledermausarten nutzen diese Landschafts-

Ab Dämmerungsbeginn lohnt es sich, auf Waldwegen (v. a. in Laub- und Laubmischwäldern) nach Fledermäusen mit dem Bat-Detektor „Ausschau“ zu halten. *Foto: E. Fischer*

Entlang von gestuften Waldrändern und Waldwiesen finden sich Fledermäuse häufig zum Jagen ein. *Foto: E. Fischer*

elemente u. a. als Nahrungshabitate und Leitstruktur (s. u.).

Förderung von Strukturen im Wald entlang von Waldinnenrändern, Wegen, Schneisen usw. durch blüten- und damit insektenreiche Säume. Die Besiedlung eines Waldes hängt also möglicherweise nicht nur vom Quartier- und Nahrungsangebot im Wald selbst ab, sondern ganz wesentlich auch von den Strukturen, die Fledermäuse aus der freien Landschaft dorthin führen können.

Fließgewässer

Bedeutung: Leitlinienfunktion für großräumige (wandernde Arten) wie kleinräumige Beziehungen (zwischen Quartieren und Jagdbiotopen), als Jagdhabitate, Quartierfunktion (Baumhöhlen).

Entwicklungsziele, Schutz und Pflege: Erhaltung des Fließgewässercharakters; Erhaltung der natürlichen Flussdynamik; Rückführung verrohrter bzw. begradigter Wasserläufe in einen naturnahen Zustand; Gewährung eines durchgängigen Luftraumes über dem Fließgewässer (für Insektenschwarmflüge inkl. Jagdmöglichkeiten für Fledermäuse); Erhaltung/Verbesserung der Wasserqualität; Erhaltung/Wiederherstellung einer möglichst vielgestaltigen Gewässermorphologie;

Fledermäuse jagen gerne entlang von Fließgewässern, über denen die Ufervegetation einen Schirm bildet. *Foto: E. Fischer*

Erhaltung/Wiederherstellung Gewässer begleitender Gehölzbestände; Erhaltung/Wiederherstellung Gehölz bestandener Freilandbäche mit ausreichendem Luftraum über dem Wasserspiegel (windgeschützte Flug- und Jagdräume).

Stehende Gewässer

Bedeutung: Wichtige Jagdgebiete für viele Fledermausarten.

Entwicklungsziele, Schutz und Pflege: Erhaltung/Verbesserung der Wasserqualitäten; Erhaltung bestehender, zusätzliche Anlage neuer Gewässer (als Ausgleich für die hohen Verlustraten); Erhaltung/Wiederherstellung der Ufervegetation (Windschutz); Erhaltung/Wiederherstellung hinführender linearer Leitstrukturen (Baumhecken, Waldränder, Bäche mit Baumbestand etc.).

Stehende Gewässer mit guter Wasserqualität und einer Ufervegetation als Windschutz ziehen Fledermäuse zum Jagen an. *Foto: E. Fischer*

Hecken, Gebüsche und Feldgehölze

Bedeutung: Als Jagdbiotope v. a. im Windschutz; von herausragender Bedeutung als Leitstrukturen zwischen Quartier(en) und Jagdbiotopen.

Entwicklungsziele, Schutz und Pflege: Das Alter ist wertbestimmend. Ältere Hecken zeichnen sich durch größere Artenmannigfaltigkeit aus; wert-

Eine ganze Reihe von Fledermausarten jagt entlang von Hecken oder ist auf Heckenstrukturen als Flugstraßen zwischen Quartierort und Jagdgebiet angewiesen. *Foto: E. Fischer*

steigernd sind breite (mindestens 4, besser 10 m) nicht oder extensiv genutzte Wildkrautsäume, vor allem an den Südrändern der Heckenreihen (Besonnung, Windschutz). Gezielte Anlage von Hecken als Verbindungselemente zwischen innerörtlichen Quartiermöglichkeiten und außerörtlichen Jagdgebieten (Wälder, Gewässer etc.); bei Neuanlage von Hecken nur standortgerechtes, autochthones Pflanzenmaterial verwenden, vielfältige Zusammensetzung der Straucharten, mehrreihige (zumindest dreireihige Gehölzbepflanzung (Breite 4–10 m); statt langgezogener „Großhecken“ besser zahlreiche „Kleinhecken“ von 10–15 m Länge in möglichst geringem Abstand erhalten oder anlegen; Benjes-Hecke: Groben Baum- und Strauchschnitt 1 m hoch und mindestens 4 m breit aufschichten; über verschiedene Sukzessionsstadien entwickelt sich daraus eine Hecke; durch das Hineinpflanzen einiger kleiner Bäume, die im Schutz des Reisighaufens heranwachsen, kann die Entwicklung beschleunigt werden.

Streuobstbestände

Bedeutung: Als Quartiere von Baumhöhlenbewohnern, Jagdbiotope, Zwischenjagdgebiete sowie Leitelemente zwischen Quartier und Jagdgebieten.

Streuobstgebiete können strukturell die Habitatfunktion sehr lichter Feldgehölze, Parklandschaften und Einzelbäume übernehmen. Die Erhaltung und der Schutz aller noch vorhandener Streuobstbestände, insbesondere von großflächigen Vorkommen, ist daher wichtig. Erhaltungs- und Pflegemaßnahmen sind: kein Gifteinsatz; extensive Nutzung der Obstgehölze und des Graslandes. Ältere Bäume sollten nur gelegentlich geschnitten werden. Auch keine Stickstoffdüngung, die eine erhebliche Verarmung des Insektenlebens nach sich zieht; Nachhaltige Sicherung durch rechtzeitiges und kontinuierliches Nachpflanzen von geeigneten jungen Obstbäumen. Optimal ist ein gestufter Altersaufbau innerhalb der Bestände; Anzustreben ist grundsätzlich ein nennenswerter Anteil an Altbäumen, auch an dickenstämmigem, kränklichem Holz und Totholz; Baumsanierungen sollen sich auf die Behandlung von Schnittstellen nach erfolgtem Schnitt beschränken; Mahd als Nährstoffentzug ist zur Erhaltung mesotropher Bedingungen notwendig, auf Düngung ist ganz zu verzichten. Durch abschnittweises, z. T. erst sehr spätes Mähen lässt sich das Biotop für die Fledermausernährung verbessern (Vergrößerung der Insektenvielfalt); Dichtbepflanzte Obstwiesen bieten mehr Windschutz und sind als Fledermausjagdgebiete attraktiver.

Streuobstwiesen, die durch Hecken an Waldränder oder Siedlungen angebunden sind, bieten Fledermäusen günstige Jagdmöglichkeiten *Foto: E. Fischer*

Siedlungsbereich als erhaltungswürdiger und entwicklungsfähiger Biotopkomplex

Für den Siedlungsbereich ist ein Gemenge verschiedener Biotoptypen charakteristisch, die – mit Ausnahme der meisten Innenräume menschlicher Bauwerke (außer fledermausgeeigneter Dachböden und bestimmter Keller!) – auch außerhalb der Städte und Dörfer vorkommen. Gegenüber dem Umland zeichnen sich Städte vor allem durch ein im Durchschnitt meist wärmeres Mikroklima (insbesondere in der kälteren Jahreszeit u. U. entscheidend) aus.

Für den Fledermausschutz bedeutsame Biotope sind:
Gehölzbestände in Parks, Gärten, Alleen, Obstgärten und auf Friedhöfen; Brachen, Ruderalflächen; Wiesen; staudenreiche, unbegiftete Gärten; offene Gewässer mit Begleitvegetation, u. a. mit Gehölzen; bestimmte Gebäudeteile (s. Fledermausquartiere an/in Gebäuden). Bedeutung: Sämtliche Quartiertypen, Jagdbiotope.

Entwicklungsziele, Schutz und Pflege: Für den Fledermausschutz wichtige Biotope sind, soweit ihr Bestand bedroht ist, sicherzustellen (Unterschutzstellung); generelle Erhaltung von alten Bäumen, artenreichen Altbaumbeständen und Totholz; zur Verkehrssicherung müssen andere Maßnahmen als das Beseitigen der Bäume ergriffen werden; Einschränkung der Flächenversiegelung im öffentlichen und privaten Bereich; Reduzie-

Gewachsene Siedlungen mit Bauwerken, die für Fledermäuse als Quartiere zugänglich sind (Dachböden, Hausverkleidungen, Keller), und Grünstrukturen, die Quartier- und Jagdmöglichkeiten bieten (Parks, Brachflächen, naturnahe Gärten), sind für viele heimische Fledermausarten unverzichtbar. *Foto: E. Fischer*

rung bzw. Einstellung von Düngung und Pflanzenschutzmaßnahmen; Extensivierung der Pflege (Mahd, Gehölzschnitt) z. B. an den Übergängen verschiedener Biotop- oder Nutzungstypen bis hin zur Zulassung der freien Sukzession; Reduzierung des Flächenverbrauchs durch Anstreben einer hohen Bebauungsdichte, wobei auf ein hohes Maß an ökologisch wirksamen Strukturen zu achten ist (Fassaden-, Dach- und Hofbegrünung, Belassen unversiegelter Bereiche); Integration von Zielen des Fledermaus-/Artenschutzes in bestehende Programme (z. B. Dorferneuerung, Energieeinsparungsprogramm, Wohnungsbauförderung, Stadtsanierung, Agenda 21; auch als Wettbewerbsbeiträge wie „Unser Dorf soll schöner werden" oder Europawettbewerb „Eine Stadt blüht auf"); vorbildliche Berücksichtigung des Fledermausschutzes auf staatlichen, kommunalen Liegenschaften; aufklärende Öffentlichkeitsarbeit.

Gärten und Nutzpflanzen

Fledermäuse fliegen dort am häufigsten, wo es am meisten zu Fressen gibt. Wer in seinen Garten Fledermäuse locken will, muss zuerst ihre Beutetiere fördern. Vor allem Zwergfledermäuse und Langohren belohnen mit gehäuften Gartenbesuchen das gärtnerische Bemühen. Die Auswahl der richtigen Pflanzen als „Lockmittel" für Nachtfalter und andere Insekten ist dabei wichtiger als die Flächengröße des Gartens.

Pflanzen, die nachts ihre Blüten öffnen und intensiv duften, locken Nachtfalter in erster Linie an – und in ihrem Gefolge auch die Fledermäuse. Insektenreichtum in der Nacht verspricht eine Bepflanzung mit Gewöhnlicher Nachtkerze *(Oenothora biennis)*, Großblütiger Nachtkerze *(O. grandiflora)*, Weißer Lichtnelke *(Melandrium album)*, Nachtviole *(Hesperis matronalis)*, Stechapfel *(Datura stramonium)* und Wegwarte *(Cichorum intybus)*. Auch die am Tag blühende Rote Lichtnelke *(Melandrium silvestre)* passt hierher sowie die Zweiblättrige Waldhyacinthe *(Platanthera bifolia)*, das Echte Seifenkraut *(Saponaria officinalis)*, das Waldgeißblatt *(Lonicena periclymenum)*, die Türkenbundlilie *(Lilium martagon)* und die Wildrose *(Rosa canina)*. Eine Ausnahme von der allgemeinen Regel, keine Exoten anzupflanzen, stellt der von allen Faltern gerne besuchte Schmetterlingsflieder (Buddleia) dar. Auch Apfelbäume bieten Fledermäusen viel. Langohren fliegen gerne in Apfelbäumen von Blatt zu Blatt, um kleine Insekten abzusammeln, u. a. die Raupen des Apfelwicklers, die manchmal zahlreich zu finden sind.

Selbst Küchenkräuter auf Balkon und Fenstersims wie Majoran, Minze, Melisse, Borretsch, Salbei, Schnittlauch und Thymian verbessern nicht nur die gute Küche, sondern locken als wichtige Futterpflanzen für Falter auch Fledermäuse an.

Nistkästen für Fledermäuse

Bereits 1865 wurde begonnen, auch für Fledermäuse künstliche Nistkästen bereitzustellen, wie dies für Vögel schon erfolgreich durchgeführt wurde. Inzwischen sind viele unterschiedliche Typen von Fledermauskästen vor allem aus Holzbeton auf dem „Markt“ bzw. liegen als Bauanleitungen zum Selbstbau aus Holz vor. Von den regelmäßig in Deutschland vorkommenden Fledermausarten sind bisher 16 Arten in Kästen nachgewiesen worden. Zehn Arten nutzen Fledermaus- oder Vogelkästen auch als Wochenstuben (fett gedruckt), neun Arten als Paarungsquartiere (!):

Wasserfledermaus!, Teichfledermaus!, **Kleine Bartfledermaus, Große Bartfledermaus,** Wimperfledermaus, **Fransenfledermaus!, Bechsteinfledermaus,** Großes Mausohr!, **Großer Abendsegler!, Kleiner Abendsegler!,** Breitflügelfledermaus, **Zwergfledermaus!,** Rauhautfledermaus!, **Braunes Langohr!,** Graues Langohr, Mopsfledermaus.

Nachdem die Nordfledermaus in Südschweden, die Weißrandfledermaus in Frankreich und die Zweifarbfledermaus in Russland in künstlichen Nisthöhlen nachgewiesen wurden, können diese Arten auch bei uns als potenzielle „Kasten-Fledermäuse“ angesehen werden.

Wo Fledermauskästen am nützlichsten sind

Ihr Einsatz im Wald hilft, das Quartierangebot für Fledermäuse zu erhöhen und aufrecht zu erhalten und damit wahrscheinlich, den Fledermausbestand zu erhalten. Auch in größeren Parks können Fledermauskästen den gleichen Effekt bringen. Hauptziel muss allerdings sein, natürliche Ressourcen zu fördern und durch eine naturnahe Waldbewirtschaftung, die eine Entstehung natürlicher Höhlen toleriert, eine Entwicklung und Dynamik der (Fledermaus-) Fauna zuzulassen.

Gefährdung der Fledermäuse

Der Einsatz von Insektiziden in Land- und Forstwirtschaft, aber auch im eigenen Garten, in Verbindung mit dem Verlust artenreicher Lebensräume führt zur Abnahme von Insektenbiomasse und damit der Nahrungsgrundlage unserer Fledermäuse. In gleicher Weise wirkt der Einsatz von Antiparasitierungsmitteln zum Schutz von Weidetieren. Vor allem die kotzersetzenden Insekten, die für viele Fledermausarten eine wichtige Nahrungsquelle darstellen, werden dadurch vernichtet. Wenn das Insektensterben im derzeitigen Ausmaß ohne gegensteuernde Maßnah-

Bei der Anbringung von Fledermauskästen im Wald ist die Nähe zu offenen Flächen, die als Jagdgebiete dienen, günstig. *Foto: E. Fischer*

men weitergehen sollte, sind die Auswirkungen auf Fledermäuse noch gar nicht abschätzbar. Auch chemische Bekämpfungsmaßnahmen gegen Holzschädlingsbefall auf Dachböden gefährden die dort Quartier beziehenden Fledermausarten.

Die Zerstörung von Fledermausquartieren an und in Gebäuden, Brücken, Kellern, Stollen oder Bäumen und menschliche Störungen vor allem in Winterquartieren sind weitere Gefährdungsursachen.

Der Bau und Ausbau von Straßen führt zur Zerschneidung von Fledermauslebensräumen. Die Verluste im Straßenverkehr sind besonders bei den strukturgebundenen und niedrig fliegenden Fledermausarten beträchtlich.

Übertroffen werden die Fledermausverluste durch diese technischen Einrichtungen noch deutlich durch die von Windkraftanlagen verursachten Todesfälle. In Europa verlieren jährlich einige hunderttausend Fledermäuse ihr Leben an den drehenden Rotoren der Windkraftanlagen, die zudem oft in oder nahe an besonders wertvollen Fledermauslebensräumen (Wälder aller Art) stehen bzw. gebaut werden. Die Tiere kommen nicht nur durch die Kollision mit den Rotoren selbst zu Tode, sondern sterben bereits durch ein Barotrauma infolge der kurzfristigen und heftigen Luftdruckunterschiede in der Umgebung der drehenden Rotoren. Im Durchschnitt verenden 10 Fledermäuse pro Anlage/Jahr in Deutschland. Bei derzeit etwa 30.000 Windkraftanlagen in Deutschland an Land kommt so eine beachtliche Zahl von Fledermausopfern zustande, wobei an Waldstandorten mit höheren Fledermausaktivitäten mit durchschnittlich höheren Schlagopferzahlen als im Offenland zu rechnen ist. Unter den an Windkraftanlagen getöteten Fledermäusen sind wandernde Arten wie Abendsegler, Rauhautfledermäuse, Kleinabendsegler und Zweifarbfledermäuse, daneben aber auch strukturgebunden fliegende Arten wie Zwerg- und Bartfledermäuse sowie Langohren. Diese Verluste können zum Auslöschen lokaler Populationen und zu einer erheblichen und weitreichenden Minimierung von Populationen wandernder Arten aus Nord- und Osteuropa führen. Noch vor dem Versuch, durch Abschaltalgorithmen an Einzelanlagen das Kollisionsrisiko zu verringern, muss die Bereitschaft stehen, auf Windkraftanlagen in wertvollen Fledermauslebensräumen und in Wanderkorridoren der Tiere ganz zu verzichten. Hier dürfen die Maßnahmen zum Klimaschutz nicht auf Kosten der Artenvielfalt durchgesetzt werden.

Fledermäuse im Recht

Nationale Vorschriften

Alle heimischen Fledermausarten sind nach dem Bundesnaturschutzgesetz vom 1. März 2010 besonders und streng geschützt.

Nach § 44 BNatSchG ist es verboten,

1. wild lebenden Tieren der besonders geschützten Arten nachzustellen, sie zu fangen, zu verletzen oder zu töten oder ihre Entwicklungsformen aus der Natur zu entnehmen, zu beschädigen oder zu zerstören,

2. wild lebende Tiere der streng geschützten Arten und der europäischen Vogelarten während der Fortpflanzungs-, Aufzucht-, Mauser-, Überwinterungs- und Wanderungszeiten erheblich zu stören; eine erhebliche Störung liegt vor, wenn sich durch die Störung der Erhaltungszustand der lokalen Population einer Art verschlechtert,

3. Fortpflanzungs- oder Ruhestätten der wild lebenden Tiere der besonders geschützten Arten aus der Natur zu entnehmen, zu beschädigen oder zu zerstören.

Somit dürfen alle unsere Fledermausarten weder gefangen, noch in ihren Quartieren gestört werden. Auch alle Fledermausquartiere sind danach rechtlich geschützt.

Internationale Regelungen

In der Berner Konvention (Übereinkommen über die Erhaltung der europäischen wild lebenden Pflanzen und Tiere und ihre natürlichen Lebensräume vom 11. September 1979 mit Änderungen, in Deutschland ab 1. April 1985 wirksam) stehen der Schutz von Lebensstätten, Artenschutz, Sonderbestimmungen für wandernde Tierarten und verbotene Mittel im Vordergrund. Als streng geschützte Fledermausarten sind im Anhang II aufgelistet: Großes Mausohr, Kleine/Große Bartfledermaus, Wasser-, Fransen-, Bechstein-, Wimperfledermaus, Großer/Kleiner Abendsegler, Breitflügel-, Nord-, Zweifarb-, Rauhautfledermaus, Braunes/Graues Langohr, Mopsfledermaus.

Das Abkommen über die Erhaltung der Population europäischer Fledermäuse (EUROBATS) trat am 16. Januar 1994 in Kraft. Bis Mai 2019 waren 37 von 63 Reichweitenstaaten Vertragsparteien des Abkommens. Das Abkommen steht nicht nur europäischen Staaten offen, sondern allen Arealstaaten, die zum Verbreitungsgebiet mindestens einer europäischen Fledermauspopulation gehören.

Seine Basis findet es in der Bonner Konvention zur Erhaltung der wandernden wild lebenden Tierarten vom 19. September 1979 mit Änderungen (in Deutschland seit 1. Oktober 1984 wirksam). Der Grundtenor von EUROBATS liegt im Verbot des absichtlichen Fangens, Haltens oder Tötens von Fledermäusen, aber auch in der Verpflichtung, den Lebensräumen für allgemeine Erhaltungszwecke von Fledermäusen die angemessene Bedeutung beizumessen. „Unter Berücksichtigung notwendiger wirtschaftlicher und sozialer Erwägungen“ sind die Zufluchts- und Schutzstätten (Quartiere) aber auch Futterplätze (Jagdgebiete) vor Beschädigung und Beunruhigung zu schützen. Darüber hinaus trifft jede Vertragspartei „geeignete Maßnahmen zur Förderung der Erhaltung der Fledermäuse und weckt das öffentliche Bewusstsein für die Bedeutung ihrer Erhaltung“ (z. B. durch Veranstaltung der Europäischen Fledermausnacht Ende August an vielen Orten). Ein besonderes Augenmerk wird auf Fledermäuse in oder an Gebäuden gelegt. „Jede Vertragspartei prüft, soweit angebracht, bei der Beurteilung der Anwendung von Schädlingsbekämpfungsmitteln, deren mögliche Wirkungen auf Fledermäuse und bemüht sich, Holzschutzchemikalien, die für Fledermäuse hochgiftig sind, durch ungefährliche Alternativmittel zu ersetzen.“ Abschließend wird auf die Förderung von Forschungsprogrammen zur Erhaltung und Hege von Fledermäusen und die Berichtspflicht gegenüber der EU hingewiesen. Jede Vertragspartei gibt regelmäßig einen Bericht über den aktuellen Zustand der Fledermausfauna und geleistete Schutzmaßnahmen ab. Auf Vertragsstaatenkonferenzen werden Fortschritte im Fledermausschutz vorgestellt und diskutiert sowie über Änderungen und Ergänzungen des Abkommens beraten und abgestimmt.

Vorrangiges Ziel der Fauna-Flora-Habitatrichtlinie (FFH-Richtlinie), Richtlinie 92/43/EWG des Rates vom 21. Mai 1992 zur Erhaltung der natürlichen Lebensräume sowie der wild lebenden Tiere und Pflanzen ist die Erhaltung der in Europa vorhandenen biologischen Vielfalt bzw. deren Wiederherstellbarkeit. Dies soll durch den inzwischen erfolgten Aufbau des europaweit vernetzten Schutzgebietsystems Natura 2000 geschehen. Der Anhang II beinhaltet „Tier- und Pflanzenarten von gemeinschaftlichem Interesse, für deren Erhaltung besondere Schutzgebiete ausgewiesen werden müssen“. Für einen Teil der Arten – in Anhang II als „prioritär“ gekennzeichnet – kommt der Gemeinschaft in besonderem Maße Verantwortung zu. Als Richtlinie gilt die FFH-Richtlinie nicht unmittelbar, sondern bedarf der Umsetzung durch die einzelnen Mitgliedsstaaten. Dies ist durch das Bundesnaturschutzgesetz und die Länder-Naturschutzgesetze geschehen. In Anhang II der FFH-Richtlinie, für die Schutzgebiete ausgewiesen werden müssen (Sommer-, Winterquartiere einschließlich Gebäude, Jagdgebiete), stehen Große/Kleine Hufeisennase, Großes Mausohr, Teich-, Wimper-, Mopsfledermaus. Anhang IV enthält „streng zu schützende Tier- und Pflanzenarten von gemeinschaftlichem Interesse", darunter alle übrigen Fledermausarten. Die FFH-Richtlinie fordert eine regelmäßige Berichtspflicht, Bestandsüberwachungen der Populationen, Nachweise über das Erreichen von Schutzzielen in den FFH-Gebieten und Verträglichkeitsprüfungen bei Eingriffsvorhaben mit strenger Abwägung der Erheblichkeit des Eingriffs auf betroffene Lebensräume und Arten.

Covid-19 – Müssen wir uns jetzt vor Fledermäusen fürchten?

In seinem Hintergrundpapier 04/2020 hat der NABU Fragen und Antworten zu Covid-19 und Fledermäusen zusammengefasst. Das Ergebnis wird hier gekürzt und leicht verändert wiedergegeben.

Fledermäuse und Schuppentiere in China als Träger genetisch ähnlicher Coronaviren

SARS-CoV-2 ist ein menschlicher Erreger, der genetisch eng mit Viren aus dem Tierreich verwandt ist. Der unmittelbare Ursprung von SARS-CoV-2 ist aber nach wie vor nicht zweifellos geklärt. Genetisch ähnliche Viren finden sich bei in China vorkommenden Fledermäusen aus der Familie der Hufeisennasen (Rhinolophidae) und in Schuppentieren. Es ist daher wahrscheinlich, dass das Virus in einem Wildtier seinen Ursprung hatte. Genetische Befunde aus Fledermäusen sprechen aber dafür, dass dieser bereits mehrere Jahrzehnte zurück liegen könnte. Das Virus hat sich wahrscheinlich schrittweise – erst in einer weiteren Tierart und nach der Übertragung auf den Menschen dann im Menschen selbst – so verändert, dass es im Menschen Covid-19 auslösen konnte und die Übertragung der Krankheit von Mensch zu Mensch möglich wurde.

Warum wir uns vor unseren Fledermäusen nicht fürchten müssen

1. Einheimische Fledermäuse sind nicht mit SARS-CoV-2 infiziert und können einen Menschen somit nicht mit Covid-19 anstecken.
2. Das menschliche SARS-CoV-2 ist genetisch eng mit Viren von Wildtieren verwandt. Der genaue Ursprung von SARS-CoV-2 oder dessen Vorläufer ist nach wie vor ungeklärt.
3. Eine Übertragung von SARS-CoV-ähnlichen Viren aus Fledermäusen direkt auf Menschen ist sehr unwahrscheinlich und wurde bislang auch noch nie festgestellt.
4. Nach bisherigen Erkenntnissen sind bei SARS-ähnlichen Coronavi-

ren immer Zwischenwirte im Rahmen mehrerer zoonotischer Übergänge (Übertragung eines Virus von einer Art auf eine andere Art) notwendig, um einen humanpathogenen Erreger entstehen zu lassen.

5. Es ist unwahrscheinlich, dass Coronaviren aus Fledermauskot eine Gesundheitsgefahr für den Menschen darstellen.
6. Forderungen, Fledermäuse aufgrund einer vermeintlichen Gesundheitsgefahr zu bekämpfen, wären völlig unbegründet und in der EU sogar strafbar.
7. Die Forschung an Fledermäusen und ihrem einmaligen Immunsystem ist für die Human- und Tiermedizin äußerst wertvoll.
8. Fledermäuse sind weltweit wichtige und unverzichtbare Teile in Ökosystemen. Sie verdienen weiterhin unsere volle Sympathie und den notwendigen Schutz.

Literatur

Aus Platzgründen können hier nur einige der wichtigsten Übersichtswerke genannt werden. Darin sind die meisten Originalarbeiten zitiert. Bei der Zusammenstellung des Buches waren neben diesen Quellen vor allem die Untersuchungen und zusammenfassenden Darstellungen zur Lebensweise einiger einheimischer Fledermausarten, die von Markus Dietz und seinem Team bearbeitet wurden, besonders hilfreich.

Dietz, Christian; Helversen, Otto von; Nill, Dietmar: Handbuch der Fledermäuse Europas und Nordwestafrikas. Biologie, Kennzeichen, Gefährdung. Franckh-Kosmos Verlag, Stuttgart, 2016.

Dietz, Christian; Kiefer, Andreas: Die Fledermäuse Europas kennen, bestimmen, schützen. Kosmos, Stuttgart, 2020.

Grimmberger, Eckhard und Rudloff, Klaus: Atlas der Säugetiere Europas, Nordafrikas und Vorderasiens. Natur und Tier-Verlag, Münster, 2009.

Krapp, Franz (Hrsg.): Die Fledermäuse Europas. Ein umfassendes Handbuch zur Biologie, Verbreitung und Bestimmung. AULA-Verlag, Wiebelsheim, 2011.

Richarz, Klaus: Fledermäuse beobachten, erkennen und schützen. Franckh-Kosmos Verlag, Stuttgart, 2015.

Richarz, Klaus: Nachtflug – Die faszinierende Welt der Fledermäuse. wbg Theiss Verlag, Darmstadt, 2021.

Internet:
www.eurobats.org
www.nabu.de

Register der deutschen und lateinischen Namen

Europäische Fledermausarten in ihren Jagd- bzw. Lebensräumen mit Ortungslauten

(Deutsche Namen siehe Register)

Art	Seite	Ortungslaute	Jagd- bzw. Lebensraum								
			Trocken-gebiete	Siedlungen	Wald	Waldränder	Karst	Wassernähe	Gebirgsrand	Strukturiertes Gelände	(Halb-) Steppen
Barbastella barbastellus	30	1. Typ: von ca. 45 kHz auf 30–35 kHz abfallend; Länge 3–6 ms; 2. Typ: von ca. 36 kHz auf ca. 28 kHz abfallend; Länge 2–3 ms		•		•					
Eptesicus nilssonii	35	26–29 kHz; Länge bis 20 ms		•	•			•			
Eptesicus serotinus	39	23–27 kHz; Länge bis 23 ms		•							
Hypsugo savii	42	32–37 kHz; Länge 16 ms					•	•	•		
Miniopterus schreibersii	105	anfangs frequenzmoduliert, am Ende nahezu konstantfrequent, 49–55 kHz, Länge bis 15 ms			•			•			
Myotis alcathoe	44	von ca. 100 kHz auf 43–46 kHz abfallend; Länge bis 4 ms				•		•	•		
Myotis bechsteinii	46	von ca. 100 kHz auf ca. 34 kHz abfallend; Länge 2,5–5 ms			•						
Myotis blythii/ Myotis oxygnathus	48	sehr ähnlich M. myotis					•			•	•
Myotis brandtii	50	von knapp 100 kHz auf 26 kHz abfallend; Länge 4–7 ms		•	•	•					
Myotis capaccinii	53	von 70–90 kHz auf meist 35–39 kHz, selten auf 30 kHz abfallend; Länge: 3–7 ms			•	•	•	•			
Myotis dasycneme	55	von 65–85 kHz auf 25–35 kHz, meist unter 30 kHz abfallend; Länge 4–8 ms		•				•			
Myotis daubentonii	56	von 55–95 kHz auf 40–25 kHz abfallend, meist um 30 kHz endend; Länge 3–7 ms				•		•			
Myotis davidii	45	von 105–112 kHz auf 37–43 kHz abfallend: Länge ca. 3 ms	•					•			•
Myotis emarginatus	58	oft über 140 kHz beginnend, abfallend und meist bei ca. 38 kHz, manchmal bei 48 kHz, selten bei 30 kHz endend		•	•	•				•	
Myotis myotis	61	von 70–120 kHz bis 26–29 kHz abfallend, Hauptfrequenz bei 35 kHz; Länge bis 10 ms; trockene, harte tek-tek-tek-tek Laute			•					•	
Nyctalus lasiopterus	73	14–23 kHz; Länge bis 28 ms		•	•			•		•	

Art	Seite	Ortungslaute	Jagd- bzw. Lebensraum								
			Trocken-gebiete	Siedlungen	Wald	Waldränder	Karst	Wassernähe	Gebirgsrand	Strukturiertes Gelände	(Halb-) Steppen
Nyctalus leisleri	75	21–26 (meist um 24) kHz; Länge bis 20 ms		•	•	•		•		•	
Nyctalus noctula	78	„Plip"-Laute frequenzmoduliert 30–60 kHz, auf 22–28 kHz abfallend; Länge 13 ms, „Plop"-Laute nahezu konstantfrequent (16) 19–22 kHz; Länge bis 28 ms		•	•			•			
Pipistrellus kuhlii	82	36–40 kHz; Länge bis 12 ms		•	•	•					•
Pipistrellus maderensis	84	37–41 kHz; Länge bis 12 ms		•	•			•	•		
Pipistrellus pipistrellus	88	42–51, meist 44–47 kHz; Länge bis 10 ms		•		•		•		•	
Pipistrellus pygmaeus	90	50–60, meist 54–55 kHz; Länge bis 10 ms		•	•			•			
Plecotus auritus	92	die untere Harmonische fällt von ca. 55 auf 20–25 kHz, die obere von über 80 kHz auf 40 kHz ab		•	•			•		•	
Plecotus austriacus	94	die erste Harmonische fällt von 35 auf 20 kHz, die zweite von 70 auf 38 kHz ab		•		•		•		•	
Plecotus macrobullaris	98	2. Harmonische bei kürzeren Lauten 23–46 kHz, bei längeren Lauten 15–42 kHz; Länge bis 4 ms							•		
Rhinolophus blasii	19	92–98 kHz	•		•						
Rhinolophus euryale	20	104–109 kHz					•	•	•		
Rhinolophus ferrumeqinum	22	79–84 kHz			•	•			•	•	
Rhinolophus hipposideros	25	104–114 kHz		•						•	
Rhinolophus mehelyi	29	104–111 kHz	•				•	•			•
Tadarida teniotis	107	2 Ruftypen: Typ 1: 9–11 kHz Endfrequenz, Typ 2: 13–15 kHz Endfrequenz Länge meist 450–550 ms, auch bis 900 ms						•	•		
Vespertilio murinus	102	anfangs frequenzmoduliert, am Ende nahezu konstantfrequent, Hauptfrequenz bei 25 kHz, Endfrequenz 22–25 kHz, Länge bis 20 ms		•	•			•			